Dr.-Ing. Gunnar Eisenberg

Virtuelle Akustik

Künstliche Raumimpulsantworten, Effiziente Faltung

Cuvillier Verlag
2011

Bibliografische Information der Deutschen Nationalbibliothek
Die Deutsche Nationalbibliothek verzeichnet diese Publikation in der Deutschen Nationalbibliografie; detaillierte bibliografische Daten sind im Internet über http://dnb.d-nb.de abrufbar.
1. Aufl. - Göttingen : Cuvillier, 2011

978-3-86955-639-0

Nonnenstieg 8, 37075 Göttingen
Telefon: 0551-54724-0
Telefax: 0551-54724-21
www.cuvillier.de

1. Auflage, 2011
Gedruckt auf säurefreiem Papier

978-3-86955-639-0

Inhaltsverzeichnis

Abbildungsverzeichnis

1. Einleitung

Die virtuelle Akustik oder Auralisation bezeichnet die akustische Simulation von Räumen. Dies bedeutet, dass Audiosignale so verändert werden, dass sie für einen Hörer klingen, als hörte er sie in dem simulierten Raum aus Lautsprechern. Das Ergebnis der Simulation wird hierbei durch die Geometrie bzw. die Beschaffenheit des Raums sowie die Positionen der Lautsprecher und des durch Mikrofone ersetzten Hörers bestimmt. Methoden der Auralisation finden unter anderem in Effektgeräten der Musikelektronik, sowie im Zusammenhang mit der Simulation von Freisprecheinrichtungen Anwendung.

In dem vorliegenden Buch wird eine stereophone Raumsimulation nach dem von Allen und Berkley vorgestellten Spiegelquellenmodell beschrieben (vgl. Literaturverzeichnis [ALL]). Hierzu werden die nötigen Grundlagen der technischen Akustik sowie der Elektroakustik vermittelt, aus denen das Spiegelquellenmodell hergeleitet wird. Weiterhin wird die für die Raumsimulation benötigte Filtertheorie im Zusammenhang mit Methoden der effizienten Implementierung von FIR-Filtern erklärt.

Damit der Leser die Möglichkeit hat, die beschriebenen Verfahren direkt testen zu können, wurden sie als Software für MATLAB und C/C++ implementiert. Die entwickelten Module werden im Rahmen dieses Buches ausführlich erklärt und können unter www.gunnar-eisenberg.de/virtuelle-akustik als Softwarepaket heruntergeladen werden (vgl. Literaturverzeichnis [EIS]).

Das Softwarepaket umfasst die Raumsimulation nach dem Spiegelquellenmodell, das über seine Parameter einen intuitiven Zugriff auf die simulierte Geometrie sowie die simulierten Wandmaterialien erlaubt. Weiterhin enthält das Softwarepaket ein effizientes FIR-Filter, das nach der Methode der partitionierten Faltung arbeitet, und sehr lange Raumimpulsantworten aus dem Spiegelquellenmodell mit geringen Latenzzeiten effizient verarbeiten kann.

Die Implementierung in MATLAB wurde aufgrund der hohen Übersichtlichkeit und Kompaktheit gewählt, um so dem Leser eine steile Lernkurve zu ermöglichen. Die Implementierung in C/C++ wurde gewählt, um einerseits Echtzeittauglichkeit, andererseits ein hohes Maß an Modularisierung zu erreichen. Hierzu sind die entwickelten C/C++ Module mit der Linux Audio Developers Simple Plugin API (LADSPA) Schnittstelle ausgestattet. Hierbei handelt es sich, anders als der Name vermuten lässt, um eine plattformunabhängige Plugin-Schnittstelle, die über C/C++ bedient wird und zusammen mit einem entsprechendem Host in Echtzeit betrieben werden kann. Damit der Leser die implementierten LADSPA-Plugins direkt testen kann, enthält das Softwarepaket weiterhin einen generischen LADSPA C++ Host, der sich durch seine Kapselung und Erweiterbarkeit auszeichnet und ebenfalls im Rahmen dieses Buches beschrieben wird.

Das vorliegende Buch versteht sich als Praxisseminar, das dem Leser die nötige Theorie und Praxis zur virtuellen Akustik vermitteln will, um ihn so in die Lage zu versetzen, eigene Algorithmen entwerfen und implementieren zu können. Hierfür werden Kenntnisse der Signalverarbeitung und der höheren Mathematik, sowie Kenntnisse in MATLAB und C/C++ vorausgesetzt. Sowohl bei der Implementierung in MATLAB als auch in C/C++ wurde in diesem Zusammenhang bewusst die Verwendung von Fremdbibliotheken auf ein Minimum beschränkt, um so den Umfang der geforderten Vorkenntnisse möglichst gering halten zu können.

2. Akustische Grundlagen

2.1 Schallfeldgrößen

Schall bezeichnet im Allgemeinen die mechanischen Schwingungen und Wellen eines elastischen Mediums. Die folgenden Ausführungen beschränken sich auf Luftschall, also die Schallausbreitung in Gasen, da dieser für die Raumakustik besonders wichtig ist. Phänomene des Medienwechsels und Körperschalls, wie sie in Räumen mit schallabsorbierenden Körpern auftreten, werden nicht betrachtet, da das in diesem Buch vorgestellte Spiegelquellenmodell nur leere Räume simuliert.

Das Auftreten einer Schallwelle bewirkt räumliche und zeitliche Änderungen des Drucks p, der Dichte ρ und der Temperatur υ der Luft sowie Schwankungen des Ortes x und der Geschwindigkeit v der Luftmoleküle (auch Schnelle genannt). Schallwellen breiten sich in Luft in Form von Longitudinalwellen mit der Ausbreitungsgeschwindigkeit c aus. Die Wellenlänge λ und die Frequenz f der erregenden Schwingungen sind direkt über die Schallgeschwindigkeit verkoppelt:

$$c = \lambda \cdot f . \tag{1}$$

Im Folgenden werden die durch die Schalleinwirkung auftretenden Wechselgrößen mit ~ indiziert, die ohne die Schalleinwirkung vorhandenen atmosphärischen Größen tragen – als Index. Die Wechselgrößen sind stets klein gegenüber den Gleichgrößen. Der normale atmosphärische Druck beispielsweise beträgt 1 bar = 10^5 Pa = 10^5 N/m^2, normale Sprache hingegen erzeugt einen Schalldruck von ca. 0,1 Pa. Somit unterscheiden sich Gleich- und Wechselgröße um sechs Zehnerpotenzen. Aufgrund der kleinen Amplituden der Schallschwingungen kann das zugrunde liegende Medium als linear angenommen werden (vgl. [FEL] S. 1ff, [VEI] S. 25ff).

2.2 Grundgleichungen der Schallausbreitung

Die physikalischen Vorgänge in einem Schallfeld lassen sich durch zwei Grundgleichungen angeben, durch die Bewegungsgleichung (2) und die Kontinuitätsgleichung (3) bzw. (5), die den Schalldruck und die Schnelle miteinander verkoppeln. Die anderen in Abschnitt 2.1 genannten Größen lassen sich aus diesen beiden herleiten. Auf abstrakter Ebene lässt sich ein Schallfeld sogar mit nur einer Größe (Geschwindigkeitspotential) beschreiben (vgl. Abschnitt 2.3), die jedoch keine physikalische Deutung erlaubt (vgl. auch [FEL] S. 3ff und [CRE] S. 160ff).

Die **Bewegungsgleichung** stellt ein Verhältnis zwischen der örtlichen Druckänderung p und der zeitlichen Schnelleänderung v her. Die Ruhedichte des schwingenden Mediums geht als ρ ein.

$$\operatorname{grad} p = -\rho \frac{\partial \vec{v}}{\partial t} \tag{2}$$

Die **Kontinuitätsgleichung** beschreibt ein Volumenelement bezüglich seiner elastischen Eigenschaften,

$$\operatorname{div} \vec{v} = -\frac{1}{\chi p_-} \cdot \frac{\partial p}{\partial t} \tag{3}$$

wobei χ den Adiabatenexponenten des Mediums darstellt, der nur von der Ruhetemperatur und von dem chemischen Aufbau des Gases abhängig ist. Für zweiatomige Gase (Luft) ist $\chi = 1{,}40$ bei einer Temperatur von 0 °C. Der Ruhedruck des Mediums geht als $p\_$ ein. Wird folgender Zusammenhang der Thermodynamik

$$c^2 = \frac{\chi p_-}{\rho} \tag{4}$$

verwendet, so lässt sich die Kontinuitätsgleichung (3) auch folgendermaßen schreiben:

$$\operatorname{div} \vec{v} = -\frac{1}{\rho c^2} \cdot \frac{\partial p}{\partial t}. \tag{5}$$

2.3 Wellengleichung

Im Folgenden wird aus den beiden Grundgleichungen (2) und (5) des Schallfeldes die allgemeine Wellengleichung des Luftschalls hergeleitet. Hierzu ist es erforderlich, ein fiktives Geschwindigkeitspotential Φ zu definieren, das keine physikalische Bedeutung hat, jedoch die Herleitung *einer* Wellengleichung möglich macht (vgl. [LEH] sowie [FEL] S. 6ff und S. 19ff):

$$\vec{v} = -\operatorname{grad}\Phi\,. \tag{6}$$

Es wird die Divergenz der Bewegungsgleichung (2) gebildet. Mit dem Nablaoperator $\vec{\nabla}$ und dem Laplaceoperator Δ in kartesischen Koordinaten ergibt sich folgende Herleitung (vgl. auch [BRO] S. 468f und [LEN] S. 12).

$$\operatorname{div}\operatorname{grad} p = -\operatorname{div}\rho\frac{\partial\vec{v}}{\partial t}$$

$$\Leftrightarrow \qquad \Delta\cdot p = -\vec{\nabla}\cdot\rho\frac{\partial\vec{v}}{\partial t}$$

$$\Leftrightarrow \frac{\partial^2}{\partial x^2}p+\frac{\partial^2}{\partial y^2}p+\frac{\partial^2}{\partial z^2}p = -\rho\left(\frac{\partial^2}{\partial x\cdot\partial t}v_x+\frac{\partial^2}{\partial y\cdot\partial t}v_y+\frac{\partial^2}{\partial z\cdot\partial t}v_z\right). \tag{7}$$

Die Kontinuitätsgleichung (5) wird nach der Zeit abgeleitet. Mit der Divergenz in kartesischen Koordinaten ergibt sich (vgl. auch [BRO] S. 468f und [LEN] S. 12):

$$\frac{\partial}{\partial t}\operatorname{div}\vec{v} = -\frac{1}{\rho c^2}\cdot\frac{\partial^2}{\partial t^2}p \tag{8}$$

$$\Leftrightarrow \qquad \vec{\nabla}\cdot\frac{\partial}{\partial t}\vec{v} = -\frac{1}{\rho c^2}\cdot\frac{\partial^2}{\partial t^2}p \tag{9}$$

$$\Leftrightarrow \qquad \frac{\partial^2}{\partial x\cdot\partial t}v_x+\frac{\partial^2}{\partial y\cdot\partial t}v_y+\frac{\partial^2}{\partial z\cdot\partial t}v_z = -\frac{1}{\rho c^2}\cdot\frac{\partial^2}{\partial t^2}p\,. \tag{10}$$

Die Gleichung des Geschwindigkeitspotentials Φ (6) wird nach der Zeit abgeleitet und mit $-\rho$ erweitert:

$$-\rho\frac{\partial}{\partial t}\vec{v} = \rho\frac{\partial}{\partial t}\operatorname{grad}\Phi \tag{11}$$

$$-\rho\frac{\partial}{\partial t}\begin{pmatrix} v_x \\ v_y \\ v_z \end{pmatrix} = \rho\frac{\partial}{\partial t}\begin{pmatrix} \frac{\partial}{\partial x}\Phi \\ \frac{\partial}{\partial y}\Phi \\ \frac{\partial}{\partial z}\Phi \end{pmatrix} \tag{12}$$

$$-\rho\begin{pmatrix} \frac{\partial}{\partial t}v_x \\ \frac{\partial}{\partial t}v_y \\ \frac{\partial}{\partial t}v_z \end{pmatrix} = \rho\begin{pmatrix} \frac{\partial^2}{\partial x\cdot\partial t}\Phi \\ \frac{\partial^2}{\partial y\cdot\partial t}\Phi \\ \frac{\partial^2}{\partial z\cdot\partial t}\Phi \end{pmatrix}. \tag{13}$$

Das Einsetzen der Bewegungsgleichung (2) in Gleichung (13) ergibt folgende Gleichung:

$$\begin{pmatrix} \frac{\partial}{\partial x}p \\ \frac{\partial}{\partial y}p \\ \frac{\partial}{\partial z}p \end{pmatrix} = \rho\begin{pmatrix} \frac{\partial^2}{\partial x\cdot\partial t}\Phi \\ \frac{\partial^2}{\partial y\cdot\partial t}\Phi \\ \frac{\partial^2}{\partial z\cdot\partial t}\Phi \end{pmatrix}. \tag{14}$$

Wird nun über das Wegelement *ds* integriert,

$$\int\begin{pmatrix} \frac{\partial}{\partial x}p \\ \frac{\partial}{\partial y}p \\ \frac{\partial}{\partial z}p \end{pmatrix}\cdot\begin{pmatrix} \partial x \\ \partial x \\ \partial x \end{pmatrix} = \int\rho\begin{pmatrix} \frac{\partial^2}{\partial x\cdot\partial t}\Phi \\ \frac{\partial^2}{\partial y\cdot\partial t}\Phi \\ \frac{\partial^2}{\partial z\cdot\partial t}\Phi \end{pmatrix}\cdot\begin{pmatrix} \partial x \\ \partial x \\ \partial x \end{pmatrix} \tag{15}$$

ergibt sich:

$$p = \rho \frac{\partial}{\partial t} \Phi \,. \tag{16}$$

Die Differentiation nach der Zeit und Erweiterung mit ρ/c^2 ergibt:

$$\frac{1}{\rho c^2} \frac{\partial}{\partial t} p = \frac{1}{c^2} \frac{\partial^2}{\partial t^2} \Phi \,. \tag{17}$$

Das Einsetzen der Gleichung (17) und (8) liefert letztendlich die allgemeine **Wellengleichung** des Luftschalls

$$\operatorname{divgrad} \Phi = \Delta \Phi = \frac{1}{c^2} \cdot \frac{\partial^2}{\partial t^2} \Phi \,. \tag{18}$$

Die physikalischen Schallfeldgrößen der Schnelle v und des Schalldrucks p lassen sich aus Lösungen der Wellengleichung über die bereits genannten Beziehungen (6) und (16) bestimmen.

$$\vec{v} = -\operatorname{grad} \Phi \tag{6}$$

$$p = \rho \frac{\partial}{\partial t} \Phi \tag{16}$$

2.4 Kugelförmige Schallabstrahlung

Die kugelförmige Schallabstrahlung ist von besonderer Bedeutung, da Lautsprecher unter der Voraussetzung, dass die Wellenlänge des abgestrahlten Schalls deutlich größer als die Abmessungen des Strahlers ist, als Kugelstrahler angesehen werden können. Die im Spiegelquellenmodell vorkommenden Schallquellen (sowohl Primär- als auch Spiegelquellen) stellen kugelförmige Schallstrahler dar.

Die Wellengleichung (18) hat mit dem Laplaceoperator in Kugelkoordinaten (r, υ, φ) die folgende Form (vgl. [BRO] S. 469):

$$\Delta\Phi = \frac{\partial^2}{\partial r^2}\Phi + \frac{2}{r}\frac{\partial}{\partial r}\Phi + \frac{1}{r^2 \sin^2 \upsilon}\frac{\partial^2}{\partial \rho^2}\Phi + \frac{1}{r^2}\frac{\partial^2}{\partial \vartheta^2}\Phi + \frac{1}{r^2}\cot\vartheta\frac{\partial}{\partial \vartheta}\Phi$$

$$= \frac{1}{c^2}\cdot\frac{\partial^2}{\partial t^2}\Phi. \tag{19}$$

Wird nun physikalischen Beobachtungen folgend angenommen, dass das Kugelschallfeld nur von der Entfernung r zum Strahler abhängt, vereinfacht sich Gleichung (19), da alle partiellen Ableitungen, bei denen nicht nach r differenziert wird, zu Null werden.

$$\Delta\Phi = \frac{\partial^2}{\partial r^2}\Phi + \frac{2}{r}\frac{\partial}{\partial r}\Phi = \frac{1}{c^2}\cdot\frac{\partial^2}{\partial t^2}\Phi \tag{20}$$

Die partikuläre Lösung dieser vereinfachten Wellengleichung, die den physikalischen Vorgängen einer Kugelschallwelle entspricht, lautet in Kugelkoordinaten

$$\Phi_{\mathrm{Re}}(r) = \frac{a}{r}\cos(\omega t - kr), \tag{21}$$

wobei k die Wellenzahl $k = \omega/c$ und a eine zunächst unbestimmte Amplitudenkonstante sind. Im Folgenden werden das Geschwindigkeitspotential Φ und alle aus ihr abgeleiteten Größen durch komplexe Phasoren dargestellt, für die physikalische Deutung kann nur der Realteil Φ_{Re} verwendet werden.

$$\Phi_{\mathrm{Re}}(r) = \mathrm{Re}\{\Phi(r)\} \tag{22}$$

$$\Phi(r) = \frac{a}{r}e^{-jkr}e^{j\omega t} \tag{23}$$

Mit dem Gradienten in Kugelkoordinaten (vgl. [BRO] S. 468)

$$\operatorname{grad}\Phi = \frac{\partial}{\partial r}\Phi\cdot\vec{e}_r + \frac{1}{r}\frac{\partial}{\partial \upsilon}\Phi\cdot\vec{e}_\upsilon + \frac{1}{r\sin\upsilon}\frac{\partial}{\partial \varphi}\Phi\cdot\vec{e}_\varphi, \tag{24}$$

der sich wie schon der Laplaceoperator aufgrund der Invarianz gegenüber den Koordinaten υ und φ zu

$$\operatorname{grad}\Phi = \frac{\partial}{\partial r}\Phi \cdot \vec{e}_r \tag{25}$$

vereinfacht, ergibt sich aus den Gleichungen (6) und (23) für das vektorielle **Schnellefeld**

$$\vec{v} = -\operatorname{grad}\Phi = -\frac{\partial}{\partial r}\Phi \cdot \vec{e}_r$$

$$= v_r \cdot \vec{e}_r = a\left(\frac{jk}{r} + \frac{1}{r^2}\right)e^{-jkr}e^{j\omega t} \cdot \vec{e}_r \tag{26}$$

sowie aus den Gleichungen (16) und (23) für das skalare **Schalldruckfeld**:

$$p = \rho\frac{\partial}{\partial t}\Phi = a\frac{j\omega\rho}{r}e^{-jkr}e^{j\omega t}. \tag{27}$$

2.5 Bestimmung der Amplitudenkonstante

Der Schallfluss q über einem geschlossenen Körper gibt an, wie viel (Gas-) Volumen pro Zeiteinheit aus bzw. in den Körper durch ein Schallfeld transportiert wird.

$$q = \oint_F \vec{v} \cdot d\vec{o} \tag{28}$$

Für den komplexen Schallfluß q auf der Kugeloberfläche F eines Kugelstrahlers mit dem Radius r_0 ergibt sich:

$$q = \oint_F \vec{v} \cdot d\vec{o} = \oint_F v_r \cdot \vec{e}_r \cdot d\vec{o} = v_{r_0} \cdot 4\pi r_0^{\,2} \tag{29}$$

$$\Leftrightarrow \quad q = 4\pi r_0^{\,2} \cdot a\left(\frac{jk}{r_0} + \frac{1}{r_0^{\,2}}\right)e^{-jkr_0}e^{j\omega t} \tag{30}$$

$$\Leftrightarrow \quad q = 4\pi a(jkr_0 + 1)e^{-jkr_0}e^{j\omega t}. \tag{31}$$

Wird für den Schallfluss auch die komplexe Phasorenschreibweise verwendet, ergibt sich mit dem Zeiger Q und

$$q = Qe^{j\omega t} \tag{32}$$

für die Amplitudenkonstante a aus Gleichung (31) und (32) folgendes:

$$Q = 4\pi a(jkr_0 + 1)e^{-jkr_0} \tag{33}$$

$$\Leftrightarrow \quad a = \frac{Q}{4\pi} e^{-jkr_0} \frac{1}{(jkr_0 + 1)}. \tag{34}$$

Somit sind die Amplitudenkonstante a und dadurch auch die Gleichungen (26) und (27) vollständig bestimmt (vgl. [CRE] S. 163). Es ergibt sich für das vektorielle **Schnellefeld**:

$$\vec{v} = v_r \cdot \vec{e}_r = \frac{Q}{4\pi} e^{-jkr_0} \frac{1}{(jkr_0 + 1)} \left(\frac{jk}{r} + \frac{1}{r^2} \right) e^{-jkr} e^{j\omega t} \cdot \vec{e}_r \tag{35}$$

sowie für das skalare **Schalldruckfeld**:

$$p = \rho \frac{\partial}{\partial t} \Phi = \frac{Q}{4\pi} e^{-jkr_0} \frac{1}{(jkr_0 + 1)} \frac{j\omega\rho}{r} e^{-jkr} e^{j\omega t}. \tag{36}$$

2.6 Praktische Betrachtungen

Die im letzten Abschnitt hergeleiteten Ergebnisse sind für praktische Berechnungen oder Simulationen zu komplex und müssen deshalb sinnvoll vereinfacht bzw. angenähert werden (vgl. [FEL] S. 26 und [VEI] S. 31).

Im Nahfeld ($r \ll 1/k$) des Strahlers überwiegt in Gleichung (26) der quadratische Term $1/r^2$, und es gilt für die Schnelle:

$$v_r \sim \frac{1}{r^2} \Bigg|_{r \ll \frac{1}{k}}. \tag{37}$$

Im Fernfeld ($r >> 1/k$) des Strahlers überwiegt in Gleichung (26) der nicht quadratische Term jk/r, und es gilt für die Schnelle:

$$v_r \sim \frac{1}{r} \Bigg|_{r>>\frac{1}{k}} . \tag{38}$$

Für den Schalldruck gilt nach Gleichung (27) im gesamten Feld:

$$p_r \sim \frac{1}{r}. \tag{39}$$

Als nützliche Hilfsgröße wird die Verknüpfung der Gleichungen (26) und (27) als (komplexe) Schallkennimpedanz Z_{kr} definiert, die das Verhältnis aus Schalldruck p_r und Schnelle v_r beschreibt (vgl. auch [FEL] S. 20).

$$Z_{kr} = \frac{p_r}{v_r} = \frac{j\omega\rho}{r\left(\frac{jk}{r} + \frac{1}{r^2}\right)} = \frac{j\omega\rho}{1/r + jk} \tag{40}$$

Für die Schallkennimpedanz Z_{kr} gilt für kleine Entfernungen von der Kugelquelle ($r << 1/k$):

$$Z_{kr} \approx j\omega\rho r \Bigg|_{r<<\frac{1}{k}} . \tag{41}$$

Die Phase des Schalldrucks eilt der Schnelle also um 90° voraus, und der Schalldruck wird bei gleich bleibender Schnelle kleiner, je kleiner der Abstand von der Kugel ist.

Für große Abstände ($r >> 1/k$) gilt:

$$Z_{kr} \approx \frac{\omega\rho}{k} \Bigg|_{r>>\frac{1}{k}} . \tag{42}$$

Somit sind die Schnelle und der Schalldruck in großer Entfernung von der Quelle direkt proportional zueinander und liegen in Phase. Dieser Zusammenhang trifft sonst nur für das ebene Schallfeld zu, in großer Entfernung wird das Feld einer Kugelwelle also näherungsweise zu einem ebenen Wellenfeld.

Wird die Quelle als klein gegenüber der abzustrahlenden Wellenlänge angesehen ($kr_0 << 0$), ist also der Umfang $2\pi r_0$ deutlich kleiner als die abgestrahlte Wellenlänge λ, so vereinfachen sich Gleichung (35) und (36) zu (vgl. auch [CRE] S. 163):

Schnellefeld

$$\vec{v} = \frac{Q}{4\pi}\left(\frac{jk}{r} + \frac{1}{r^2}\right)e^{-jkr}e^{j\omega t}\cdot\vec{e}_r, \tag{43}$$

Schalldruckfeld

$$p_r = \frac{Q}{4\pi}\frac{j\omega\rho}{r}e^{-jkr}e^{j\omega t}. \tag{44}$$

Bei praktischen Schallstrahlern ist diese Annahme in der Regel zulässig, so dass Gleichung (43) und Gleichung (44) verwendet werden können. Bei praktischen Schallstrahlern ist der Schallfluss Q frequenzabhängig.

3. Spiegelquellenmodell

3.1 Signalweg

Wird von einer Quelle Q ein Quellensignal $x(t)$ über einen Lautsprecher in einen Raum abgestrahlt und über ein Mikrofon wieder aufgenommen, so wird das in der Senke S ankommende Mikrofonsignal $y(t)$ durch die auftretenden Reflexionen geprägt (Bild 1). Diese Variationen können, abhängig von der Größe und den Oberflächeneigenschaften des Raums sowie der Entfernung des Senders vom Empfänger, von kaum wahrnehmbaren spektralen Änderungen bis hin zu deutlich wahrnehmbaren Laufzeiten und Einzelechos gehen (vgl. [ALL] und [HEC] S. 598ff).

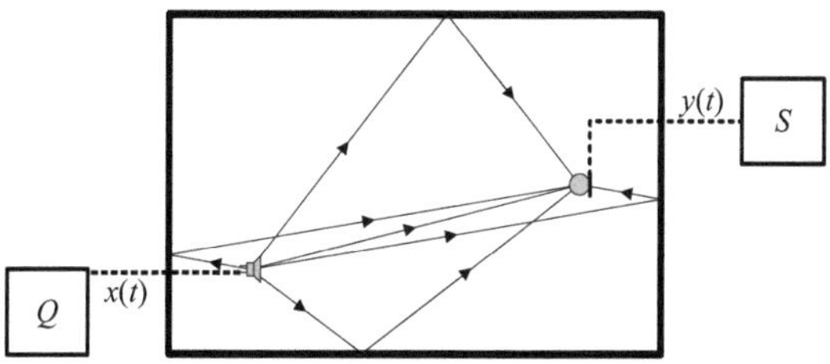

Bild 1: Schallreflexionen im Raum

Aus Sicht der Systemtheorie lassen sich die durch den Raum erzeugten Veränderungen als ein Filter mit der Übertragungsfunktion $H_R(j\omega)$ auffassen, wobei $Y(j\omega)$ und $X(j\omega)$ die Fouriertransformationen der Signale $x(t)$ und $y(t)$ sind.

$$H_R(j\omega) = \frac{Y(j\omega)}{X(j\omega)} \tag{45}$$

Der Signalweg lässt sich somit wie in Bild 2 gezeigt darstellen.

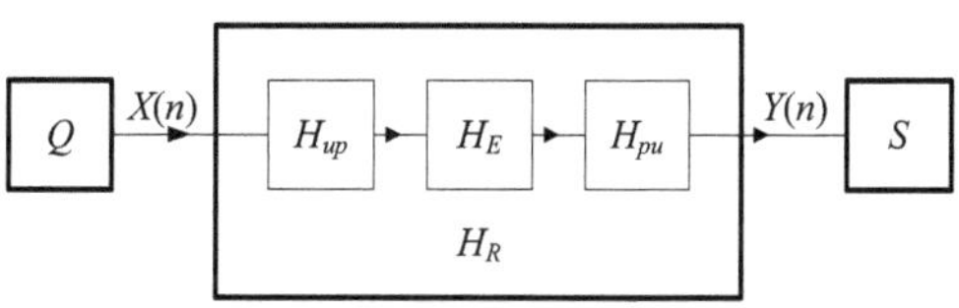

Bild 2: Blockschaltbild des Signalwegs

Die Raumübertragungsfunktion $H_R(j\omega)$ besteht ihrerseits aus drei Systemen: $H_{up}(j\omega)$ beschreibt die Filtereigenschaften des Lautsprechers, $H_{pu}(j\omega)$ beschreibt die Filtereigenschaften des Mikrofons. Idealerweise sollten die elektroakustischen Wandler (Lautsprecher und Mikrofon) den Signalverlauf nicht beeinflussen, geringe Verzerrungen sind in der Realität jedoch nicht zu vermeiden (vergleiche Abschnitt 3.2). Die im Spiegelquellenmodell simulierten Lautsprecher und Mikrofone besitzen eine kugelförmige Richtcharakteristik, so dass der Einfalls-/Austrittswinkel des Schalls keinen Einfluss auf das Mikrofonsystem $H_{pu}(j\omega)$ oder das Lautsprechersystem $H_{up}(j\omega)$ hat. $H_E(j\omega)$ bildet das Kernstück des Raumfilters und beschreibt die durch die Reflexionen an den Wänden auftretenden Echos (vergleiche Abschnitt 3.5).

Für die digitale Darstellung des Raumfilters $H_R(j\omega)$ ist es erforderlich, die drei internen Filter sowie die intern auftretenden akustischen Zwischensignale diskret abzubilden, und die resultierende Impulsantwort $h_R(n)$ effizient mit dem diskretisierten Eingangssignal $x(n)$ zu falten.

3.2 Elektroakustische Wandler

Elektroakustische Wandler haben die Aufgabe, elektrische Energie als Schall abzustrahlen (Lautsprecher, Kopfhörer) bzw. Schallenergie in elektrische Energie umzuwandeln (Mikrofon). Hierbei wird die Energie jeweils zwischendurch in mechanische Energie in Form von schwingenden Membranen gewandelt. Es wird aufgrund der Bauweise unter anderem zwischen elektrodynamischen, elektromagnetischen und elektrostatischen Wandlern unterschieden. Eine wichtige, den Wandler beschreibende Größe ist der elektroakustische Übertragungsfaktor, der die komplexen Zeiger des Schalldrucks p (in einem klar definierten Abstand r_0) mit der Klemmenspannung u ins Verhältnis setzt. Er lautet für den **Schallempfänger**:

$$B_s = \frac{p}{u}. \tag{46}$$

Für den **Schallsender** lautet der elektroakustische Übertragungsfaktor:

$$B_e = \frac{u}{p}. \tag{47}$$

Im Idealfall sollte der Übertragungsfaktor frequenzunabhängig sein und eine direkte Proportionalität zwischen dem elektrischen Signal u und dem erzeugenden/resultierenden Schalldruck p herstellen, jedoch ist dies in der Realität nur näherungsweise möglich (vgl. [FEL] S. 34, [VEI] Kap. 7). Werden nun die physikalischen Größen Spannung und Schalldruck zu einheitenlosen Signalen abstrahiert, lassen sich die Frequenzgänge der Filter, die die elektroakustischen Wandler darstellen, direkt aus den elektroakustischen Übertragungsfaktoren angeben.

$$H_{up}(j\omega) = B_s(\omega) \tag{48}$$

$$H_{pu}(j\omega) = B_E(\omega) \tag{49}$$

Die zeitkontinuierlichen Signale $u(t)$ und $p(t)$ sowie die Frequenzgänge $H_{up}(j\omega)$ und $H_{pu}(j\omega)$ werden, um sie digital weiterverarbeiten zu können, abgetastet und quantisiert. Daraus ergeben sich die zeitdiskreten Signale $u(n)$, $p(n)$ und Filterimpulsantworten $h_{up}(n)$, $h_{pu}(n)$.

Die von den in diesem Buch vorgestellten Algorithmen simulierten Raumimpulsantworten h_R sind konstruiert unter der Annahme, dass sowohl H_{up} als auch H_{pu} frequenzunabhängig den Wert eins haben und somit keine Rolle spielen. Experimentell ermittelte Mikrofon/Lautsprecher-Impulsantworten müssen also bei Bedarf extern in die Signalkette eingefügt werden. Die Raumimpulsantwort der Simulation h_R ist also gleich der Reflexionsimpulsantwort h_E.

3.3 Kugelschallstrahler-Mikrofon-Signalstrecke als LTI-System

Für die weiteren Betrachtungen ist es erforderlich, den Signalweg und die dazugehörige Übertragungsfunktion zwischen einem Kugelschallstrahler und einem Mikrofon im Freifeld (also ohne Reflexionen) zu analysieren.

Die im Abschnitt 2.6 für das Schalldruckfeld hergeleitete Gleichung (44) zeigt, dass der Betrag des Schalldruckfeldes frequenzabhängig ist. Dies ist jedoch nicht wünschenswert, wie in Abschnitt 3.2 gezeigt wurde. Die Frequenzabhängigkeit lässt sich kompensieren, wenn der frequenzabhängige Betrag des Schallflusses folgendermaßen normiert wird:

$$Q = \frac{1}{\omega\rho}. \tag{50}$$

Diese Normierung ist zulässig, da hochwertige Lautsprecher durch ihre Bauweise quasi lineare Frequenzgänge aufweisen. Es wurde auf eine korrekte Umrechnung der Einheiten der Größen verzichtet, um keine weitere Konstante definieren zu müssen. Dies ist zulässig, wenn streng darauf geachtet wird, dass alle Größen in ihrer jeweiligen Basiseinheit des MKS-Systems eingesetzt werden.

Aus Gleichung (44) und (50) ergibt sich als weitere Vereinfachung:

$$p_r = j\frac{1}{4\pi r}e^{-jkr}e^{j\omega t}. \tag{51}$$

Wird nun der komplexe Schalldruck p_r im Abstand r über ein ideales Mikrofon aufgenommen und als Ausgangssignal eines LTI-Systems angesehen, dessen Eingangssignal p_e ein komplexes Exponentialsignal ist:

$$p_e = e^{\pi/2}e^{j\omega t} \tag{52}$$

so lässt sich Gleichung (51) ausdrücken als:

$$p_r = p_e \cdot H(j\omega, r) \tag{53}$$

mit dem Frequenzgang der Übertragungsfunktion des LTI-Systems (vgl. [NOL] S. 90):

$$H(jw, r) = \frac{1}{4\pi r}e^{-jkr} \tag{54}$$

$$H(jw,r) = \frac{1}{4\pi r} e^{-j r/c}. \qquad (55)$$

Die Impulsantwort des Systems ergibt sich aus der inversen Fouriertransformation:

$$h(t,r) = \frac{1}{4\pi r} \delta(t - \frac{r}{c}). \qquad (56)$$

Es handelt sich bei dem System einer Freifeldübertragung also um ein mit zunehmender Entfernung stärker dämpfendes Verzögerungsglied. Dieses Verhalten stimmt mit der alltäglichen Erfahrung überein. In realen Systemen tritt neben der entfernungsabhängigen Dämpfung weiterhin eine frequenzabhängige Dämpfung auf, wodurch hohe Frequenzen bei zunehmender Entfernung stärker gedämpft werden als tiefe Frequenzen. Diese frequenzabhängige Dämpfung ist jedoch im Vergleich zur entfernungsabhängigen Dämpfung relativ klein und wird in dem vorgestellten System vernachlässigt.

3.4 Spiegelquellen

Für die Echoerzeugung wird in diesem Buch von einem rechteckigen, leeren Raum ausgegangen, in dem sich nur ein punktförmiger Schallempfänger sowie eine punktförmige Schallquelle befinden (vgl. [ALL], [HEC] S. 598ff). Die Schallquelle ist der Ursprung von Kugelschallwellen (vergleiche Abschnitt 2.4), die den Empfänger einerseits auf direktem Wege, andererseits über Reflexionen durch die Wände erreichen. Da der beim Empfänger erzeugte Schalldruck nur von der Entfernung r zum Sender abhängt, nicht aber vom Einfallswinkel, kann von jeder reflektierten Welle angenommen werden, dass sie einer virtuellen Kugelschallquelle, deren Entfernung vom Empfänger der Lauflänge des Schalls entspricht, entsprungen ist. Die Positionen der virtuellen Spiegelquellen werden ähnlich wie die Positionen von Lichtquellen in einem Spiegelsaal konstruiert. Die Wände bilden akustische Spiegel, und in der Senkrechten zur Wand, in der sich die Originalquelle befindet, wird mit der gleichen Entfernung eine virtuelle Quelle hinter die Wand platziert. Die Ordnung einer Spiegelquelle gibt an, wie oft der durch sie repräsentierte Schallstrahl reflektiert wird, bevor er die Senke erreicht.

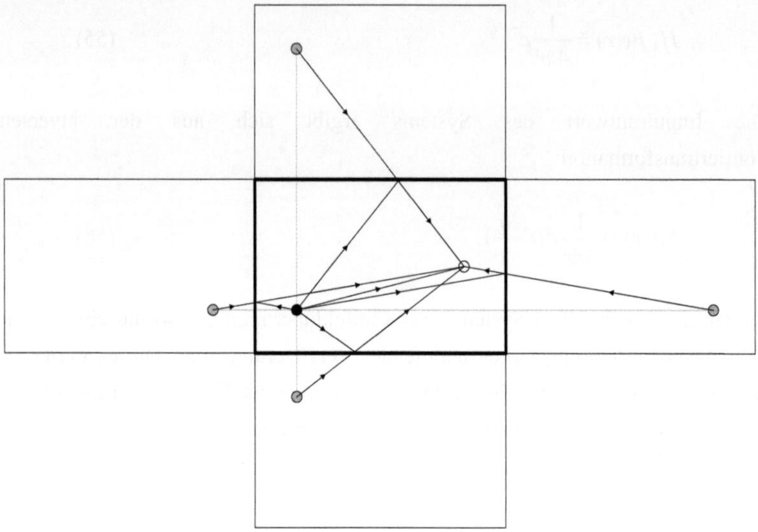

Bild 3: Geometrische Anordnung der Spiegelquellen erster Ordnung

Bild 3 zeigt als Beispiel eine Aufsicht auf einen Raum, wobei die Spiegelquellen erster Ordnung grau, die Originalquelle schwarz und die Senke weiß dargestellt sind. Des Weiteren sind jeweils die Originalwege sowie die virtuellen Wege des Schalls eingezeichnet. Bild 4 zeigt zusätzlich eine Spiegelquelle zweiter Ordnung.

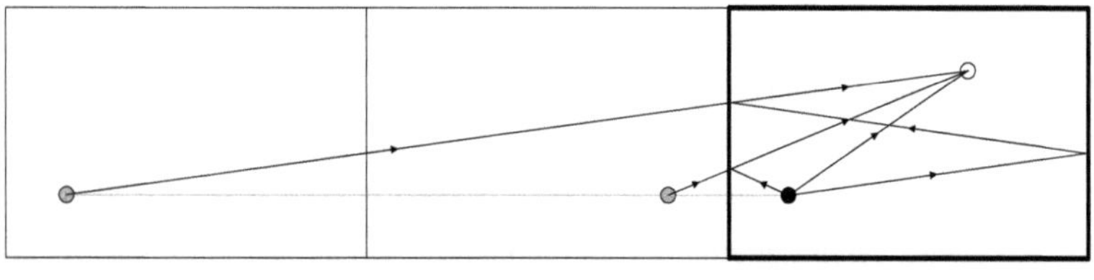

Bild 4: Spiegelquellen erster und zweiter Ordnung

3.5 Echoberechnung

Im letzten Abschnitt wurde gezeigt, dass jede Reflexion als eine eigene Quelle modelliert werden kann. Somit besteht das den Raum beschreibende Modell aus einem unendlich ausgedehnten Volumen, in dem sich ein Mikrofon und theoretisch unendlich viele Spiegelquellen befinden. Wie in Abschnitt 2.1 schon erwähnt, kann das Medium des Raums für Schallwellen als linear angenommen werden, so dass alle von den Quellen eintreffenden Signale im Empfänger addiert werden können.

Für die Darstellung der Gesamtimpulsantwort des Raums müssen die Einzelimpulsantworten aller realen und virtuellen Quellen überlagert werden. Man kann sich diesen Vorgang so vorstellen, dass alle Quellen zum Zeitpunkt $t = 0$ als Schalldruck einen Deltaimpuls senden. Das Mikrofon empfängt die verzögerten und abgeschwächten Einzelimpulse und zeichnet den Schalldruck der Gesamtimpulsantwort auf. Bild 5 verdeutlicht diesen Vorgang symbolisch mit den Übertragungsfunktionen des Direktschalls H_0 sowie N virtuellen Quellen.

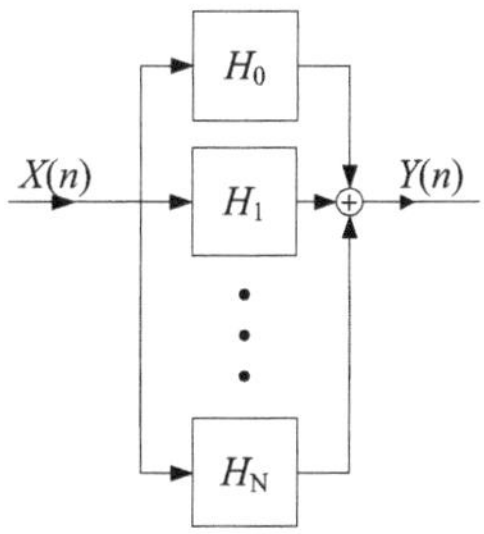

Bild 5: Addition der simulierten Impulsantworten

Somit verlagert sich das Problem der Echoberechnung auf zwei Bereiche. Einerseits müssen die Entfernungen vom Mikrofon zu den einzelnen Quellen berechnet werden, da die Einzelimpulsantworten nur von der Distanz zwischen Mikrofon und Sender abhängen (vgl. Gleichung (56)), andererseits müssen die Reflexionsverluste durch die Wände in die Einzelimpulsantworten einfließen.

Jeder Wand wird ein Reflexionskoeffizient β zugeordnet, dessen Wert im Bereich [-1 ... 1] liegt. Mit diesem Reflexionskoeffizienten muss die Amplitude einer an der entsprechenden Wand reflektierten Welle multipliziert werden. Ein Reflexionskoeffizient von $\beta = 1$ bedeutet somit eine perfekte totale Reflexion. Ein Wert von $\beta = 0$ entspricht einer totalen Absorption der Schallwelle, negative

Werte des Reflexionskoeffizienten drehen die Phase der Welle um 180°. Im Allgemeinen kann man sagen, dass der Betrag des Reflexionskoeffizienten kleiner wird, je weicher die Oberfläche der Wand ist. In der Praxis sind die Reflexionskoeffizienten frequenzabhängig, was in der vorgestellten Modellierung jedoch nicht berücksichtigt wird. Bild 6 zeigt eine Auswahl an Reflexionskoeffizienten β, wie sie von Borucki angegeben wurde (vgl. [BOR] S. 131). Bild 7 zeigt eine Auswahl an Absorptionskoeffizienten α, aus der man die Reflexionskoeffizienten über die einfache Beziehung $\beta = 1\text{-}\alpha$ erhält, wie sie von Heckl angegeben wurde (vgl. [HEC] S. 611).

Material	**Frequenz in Hz**		
	128	512	2048
Beton	0,99	0,99	0,98
Marmor	0,99	0,99	0,98
Wasserfläche	0,99	0,99	0,98
Putz	0,98	0,98	0,97
Ziegelmauer	0,99	0,98	0,98
Glas (5 mm)	0,96	0,97	0,98
Linoleum	0,98	0,97	0,96
Kunststein	0,98	0,95	0,93
Holz	0,90	0,90	0,92
Baumwollstoff glatt als Wandbehang	0,96	0,87	0,68
Teppich (5 mm)	0,96	0,85	0,48
Kokos-Läufer	0,92	0,83	0,70
Schallschluckende Platten	0,88 … 0,70	0,83 … 0,39	0,79 … 0,23
Haarfilz mit Teppichauflage	0,93	0,43	0,19

Bild 6: Reflexionskoeffizienten verschiedener Wandmaterialien nach Borucki [BOR]

Material	Frequenz in Hz					
	125	250	500	1000	2000	4000
Harte Flächen (Putz, Mauerwerk, harte Fußböden)	0,02	0,02	0,03	0,03	0,04	0,04
Teppich in Schlingenwebart, 4,5 mm dick, imprägniert, direkt auf Boden	-	0,02	0,04	0,15	0,36	0,32
Satinvorhang, 20 cm vor Wand, 1,5fache Faltung	0,09	0,55	1,03	0,89	0,93	0,92
Gebundene Mineralfaserplatte, 30 mm dick	-	0,44	0,84	0,84	0,93	0,88
wie oben, aber mit 50 mm lichtem Wandabstand montiert	-	0,73	1,00	0,89	0,82	0,84
Mineralfaserplatte, 50 mm dick, mit 50 mm lichtem Wandabstand, sichtseitig mit 6 mm Sperrholz abgedeckt	0,40	0,53	0,29	0,18	0,11	0,11
Holz 1,6 cm dick, auf 4 cm Holzlatten	0,18	0,12	0,10	0,09	0,08	0,07
Gipskartonplatte, 18 mm dick, 16 kg/m^2, 400 mm vor starrer Wand	0,10	0,09	0,05	0,05	0,07	0,04
wie vor, hinterlegt mit 30 mm Mineralfasermatte 1,05 kg/m^2	0,18	0,10	0,08	0,07	0,10	0,10
geschlossenes Doppelfenster	0,10	0,04	0,03	0,02	0,02	0,02
Gipskartonlochplatte, 19,6% Lochflächenanteil, 15 mm Lochdurchmesser, 100 mm vor starrer Wand, hinterlegt mit Faservlies, Mineralfasermatte 1,05 kg/m^2	0,30	0,69	1,01	0,81	0,66	0,62
Metallpaneele aus 0,5 mm Alublech, 85 mm breit, freie Schlitzbreite zwischen Paneelen 15 mm, 164 mm Abstand vor starrer Wand, hinterlegt mit 20 mm Mineralfaserplatte 2,5 kg/m^2	0,25	0,59	0,81	0,64	0,26	0,17

Bild 7: Absorptionsgrade verschiedener Wandmaterialien nach Heckl, Werte größer Eins sind durch Unvollkommenheiten des Meßverfahrens bedingt [HEC]

Um die Reflexionsverluste zu modellieren, werden die Wände des Raums ebenfalls aneinander gespiegelt, so dass ein Gitter im Raum entsteht. Die von den Spiegelquellen ausgehenden Schallstrahlen werden jeweils mit dem der Wand entsprechenden Koeffizienten multipliziert, wenn eine gespiegelte Wand durchquert wird. Bild 8 verdeutlicht diesen Zusammenhang beispielhaft im Schnitt durch den Raum.

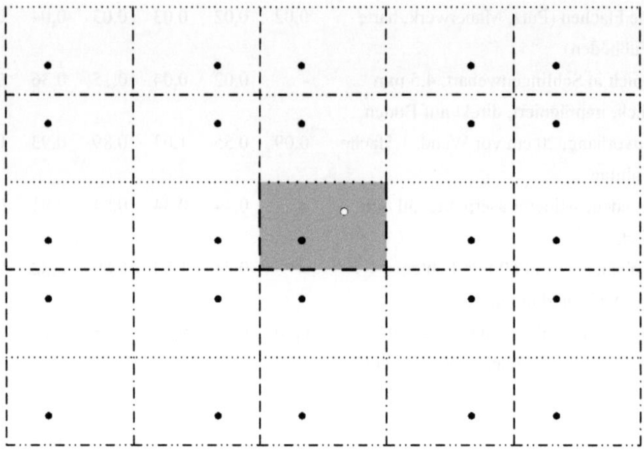

Bild 8: Virtuelle Quellen mit zu durchquerenden virtuellen Wänden

Jede Wand des grau dargestellten Raums hat, um ihre Position zu markieren, ein anderes Linienmuster. Zum Beispiel muss der Schall der Spiegelquelle vierter Ordnung in der rechten oberen Ecke, um die Senke zu erreichen, alle vier gespiegelten Wände einmal passieren.

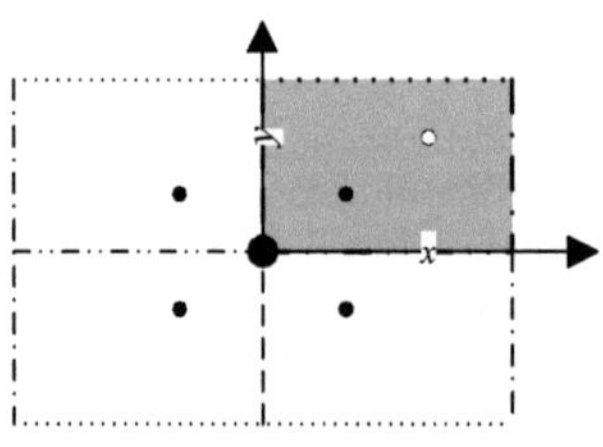

Bild 9: Quellenstempel

Die Berechnung der Position der Spiegelquellen erfolgt in zwei Schritten. Das Koordinatensystem wird so gewählt, dass der Ursprung in einer Ecke des Raums liegt und jede Achse jeweils in einer Kante des Raums verläuft. Es wird ein Block aus acht Spiegelquellen gebildet, der durch die Spiegelungen der Quellen an den Achsen entsteht . Der so entstandene Block wird Quellenstempel genannt. Bild 9 verdeutlicht dies für eine Aufsicht.

Die Positionen $\vec{r}_s$ der acht Quellen des Quellenstempes lassen sich durch folgende Formel berechnen:

$$\vec{r}_s = \vec{r}_p - 2 \cdot \begin{pmatrix} r_{px} \cdot q \\ r_{py} \cdot j \\ r_{pz} \cdot k \end{pmatrix}. \tag{57}$$

Hierbei ist $\vec{r}_p$ der Ortsvektor der Primärquelle und die Indizes q, j, k haben jeweils den Wert 0 oder 1.

Der sich aus den Reflexionskoeffizienten ergebende Faktor β_s wird für jede Quelle des Quellenstempels nach der folgenden Formel berechnet:

$$\beta_s = \beta_{x0}{}^q \beta_{y0}{}^j \beta_{z0}{}^k. \tag{58}$$

Hierbei ist β_{x0} der Reflexionskoeffizient der Wand bei $x = 0$, β_{y0} und β_{z0} sind jeweils die Reflexionskoeffizienten der Wände bei $y = 0$ bzw. $z = 0$.

Die Formel für die Impulsantwort des Quellenstempels lautet mit dem Ortsvektor des Empfängers $\vec{r}_e$ und den genannten Vorgaben:

$$h_E(t) = \sum_{q=0}^{1} \sum_{j=0}^{1} \sum_{k=0}^{1} \frac{\beta_{x0}{}^q \beta_{y0}{}^j \beta_{z0}{}^k}{4\pi \cdot |\vec{r}_e - \vec{r}_s|} \delta(t - \frac{|\vec{r}_e - \vec{r}_s|}{c}). \tag{59}$$

Der zweite Schritt der Berechnung besteht darin, den Quellenstempel unendlich oft nebeneinander abzubilden, d.h. die Koordinaten der acht Quellen des Stempels werden mit einem Transformationsvektor $\vec{r}_t$ addiert, der nach folgender Formel berechnet wird,

$$\vec{r}_t = \begin{pmatrix} 2L_x \cdot n \\ 2L_y \cdot l \\ 2L_z \cdot m \end{pmatrix} \tag{60}$$

wobei die Maße des Raums als L_x, L_y und L_z eingehen und die Indices *n*, *l*, *m* theoretisch von –∞ bis +∞ laufen. Für eine Simulation müssen hier natürlich endliche Werte verwendet werden. Der Ortsvektor jeder einzelnen Quelle lautet also:

$$\vec{r}_s = \vec{r}_t + \vec{r}_p - 2 \cdot \begin{pmatrix} r_{px} \cdot q \\ r_{py} \cdot j \\ r_{pz} \cdot k \end{pmatrix} \quad (61)$$

Für den Faktor β_s bedeutet das Nebeneinander-Abbilden des Quellenstempels entlang einer bestimmten Achse jeweils eine Multiplikation mit den beiden Reflexionskoeffizienten, die den beiden Wänden zugeordnet sind, die den Raum senkrecht zu der Achsenrichtung begrenzen.

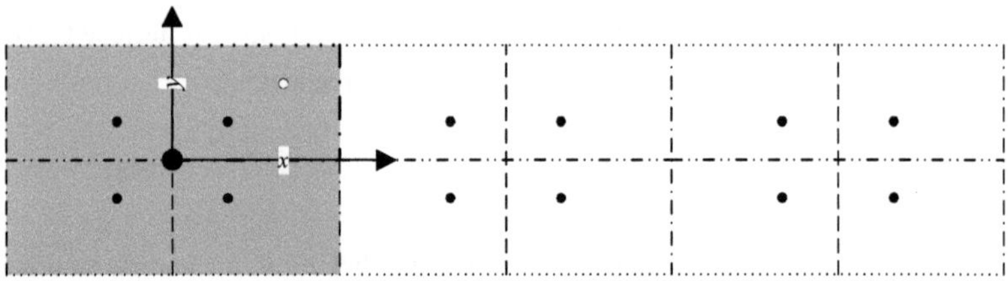

Bild 10: Abbildungen des Quellenstempels

Bild 10 verdeutlicht dies für die x-Achse, wobei der Quellenstempel grau eingefärbt ist und zwei Abbildungen in x-Richtung gemacht wurden. Die Quellen der rechten Seite der ersten Abbildung des Quellenstempels müssen zusätzlich mit den Koeffizienten $\beta_{strichpunkt} \cdot \beta_{strich}$ multipliziert werden, die Quellen der rechten Seite der zweiten Abbildung des Quellenstempels müssen zusätzlich mit den Koeffizienten $(\beta_{strichpunkt})^2 \cdot (\beta_{strich})^2$. Die allgemeine Formel für den Faktor β_s lautet folgendermaßen,

$$\beta_s = \beta_{x0}^{|n-q|} \beta_{x1}^{|n|} \beta_{x0}^{|l-j|} \beta_{x1}^{|l|} \beta_{x0}^{|m-k|} \beta_{x1}^{|m|} \quad (62)$$

wobei zusätzlich die Reflexionskoeffizienten β_{x1}, β_{y1} und β_{z1}, der Wände bei $x = L_x$, $y = L_y$ bzw. $z = L_z$ berücksichtigt werden.

Für die Gesamtimpulsantwort h_E ergibt sich aus den obigen Überlegungen folgende Formel, die ursprünglich von Allen und Berkley [ALL] vorgestellt wurde:

$$h_E(t) = \sum_{n=-\infty}^{\infty} \sum_{l=-\infty}^{\infty} \sum_{m=-\infty}^{\infty} \left(\sum_{q=0}^{1} \sum_{j=0}^{1} \sum_{k=0}^{1} \frac{\beta_s}{4\pi \cdot \left|\vec{r}_e - \vec{r}_s\right|} \delta(t - \frac{\left|\vec{r}_e - \vec{r}_s\right|}{c}) \right). \quad (63)$$

Formel (63) bildet den Ausgangspunkt der Implementierungen in Abschnitt 6.1 und in Anhang D. Da die Impulsantwort für die Simulation in diskreter Form vorliegen muss, werden die berechneten Impulse der Impulsantwort jeweils auf das Zeit-Abtastraster quantisiert.

Werden Räume mit ausschließlich positiven Reflexionskoeffizienten simuliert, liefert die Berechnung nach Formel (63) unrealistische Ergebnisse, da alle Impulse der Raumimpulsantwort positiv sind, und sie somit einen Gleichanteil hat. Dieses Verhalten entsteht durch die in der Approximation gemachten Vereinfachungen, ist in der der Realität jedoch physikalisch unmöglich. Es kann korrigiert werden, indem die berechnete Raumimpulsantwort mit einem Hochpassfilter erster Ordnung gefiltert wird (Grenzfrequenz ca. 2000 Hz). Sobald jedoch nur einer der Reflexionskoeffizienten negativ ist, kann diese Filterung in der Regel entfallen.

Die explizite Berechnung jedes einzelnen Impulses der Raumimpulsantwort nach der Spiegelquellenmethode macht im Verhältnis zu den benötigten Rechenoperationen in der Praxis nur für die ersten Impulse der Impulsantwort (Early Reflections) Sinn. Der Ausklang der Hallfahne der Impulsantwort erinnert stark an ein gefärbtes Rauschen und kann somit auch durch Bandpassfilter, die die Hauptmoden des Raumes hervorheben, approximiert werden (vgl. [MEE], [MEN] sowie [CRM] und [FLE]). Dies liefert bei geschickter Wahl der Filterparameter Ergebnisse vergleichbarer Qualität, erlaubt jedoch eine kubische Effizienzsteigerung bei der Erzeugung.

4. Partitionierte Faltung

4.1 Methode

Die partitionierte Faltung vereinigt mehrere Methoden der effizienten Filterrealisierung und ermöglicht so eine hoch performante Implementierung von FIR-Filtern mit langen Impulsantworten.

Filter, die nach dem Prinzip der partitionierten Faltung arbeiten, werden Multi-Delay-Filter genannt. Die Filter sowie die durch sie implementierten Verfahren werden in den folgenden Abschnitten beschrieben.

4.2 Overlap-Add-Methode

Die einfachste Realisierungsform einer blockweisen Filterung ist das klassische Overlap-Add-Filter (vgl. [BEN] S. 158), dessen Funktionsweise schematisch in Bild 11 dargestellt ist.

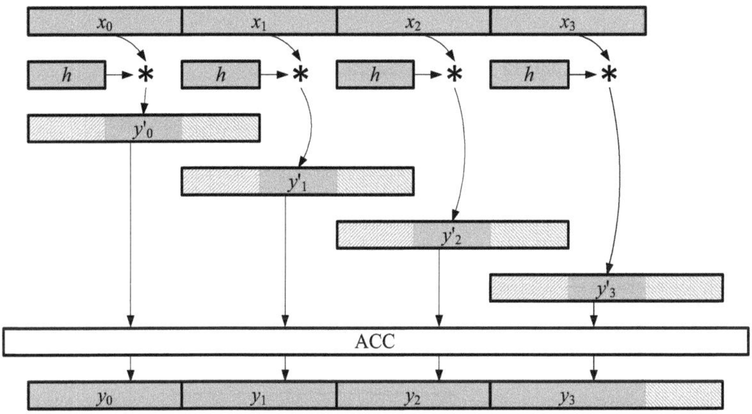

Bild 11: Schematische Darstellung eines Overlap-Add-Filters

Aufgrund der Linearität der Faltung ist es möglich, das Eingangssignal x in Eingangsblöcke $\vec{x}_m$ der Länge N zu unterteilen, die Faltungen mit der Impulsantwort $\vec{h}$ der Länge L für jeden Block zu berechnen, und anschließend zum Ausgangssignal y zu akkumulieren (vgl. auch [KAM] S. 246ff). Die nach jeder Faltung entstehenden Zwischenblöcke haben die Länge $N+L-1$ und bestehen aus drei Teilen: einem Teil, dem die ausschwingende Impulsantwort des vorhergehenden Blocks fehlt (in Bild 11 schraffiert dargestellt), einem korrekt gefalteten Block in der Mitte (grau) und dem Ausschwingen des Filters (schraffiert). Der Akkumulator (ACC) addiert die Blöcke überlappend ineinander, so dass ein Ausgangssignal (bestehend aus den Ausgangsblöcken $\vec{y}_m$ der Länge N) entsteht, das identisch mit dem Ergebnis der direkten linearen Faltung des Eingangssignals ist. Filter, die nach dieser Methode arbeiten, sind nur sinnvoll, solange die Impulsantworten kürzer als die Blocklänge sind, da sonst der durch die zusätzlichen Additionsoperationen entstehende Mehraufwand zu groß wird.

4.3 Overlap-Save-Methode

Um die überlappende Addition der Zwischenblöcke (y') zu umgehen, kann das Eingangssignal nach der Overlap-Save-Methode (vgl. [KAM] S. 253ff) in überlappende Eingangsblöcke aufgeteilt werden, die sich im folgenden Beispiel jeweils um die Blocklänge der Impulsantwort überlappen (Bild 12).

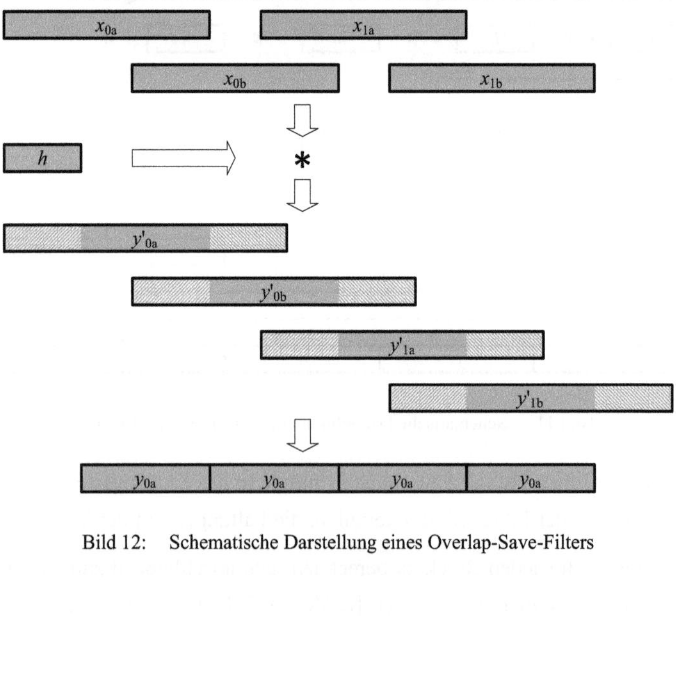

Bild 12: Schematische Darstellung eines Overlap-Save-Filters

In Bild 12 wurde die Darstellung der Faltung vereinfacht, es wird jedoch nach wie vor jeder Eingangsblock $\vec{x}_m$ der Läge N_e, jeweils mit der Impulsantwort $\vec{h}$ der Länge L gefaltet. Die entstehenden Zwischenblöcke y' der Länge N+L-1 beinhalten nun einen korrekt gefalteten Teil (in Bild 12 grau dargestellt) der Länge N_a, der so lang ist, dass nicht mehr überlappend addiert werden muss, sondern die korrekt gefalteten Blöcke ausgeschnitten und als Ausgangsblöcke $\vec{y}_m$ aneinander gehangen werden können.

Die Eingangsblöcke $\vec{x}_m$ der Länge N_e müssen sich bei der Overlap-Save-Methode mindestens um L-1 Werte überlappen. Somit ergibt sich eine Eingangsblocklänge von $N_e = N_a + L - 1$. Der Abstand, in dem die Blöcke aus dem Eingangssignal entnommen werden, beträgt N_a.

4.4 Schnelle Faltung

Der bei der Overlap-Save-Methode durch die längeren Blöcke entstehende Mehraufwand könnte evtl. sogar Performanceverluste mit sich bringen, würde die Faltung als lineare Faltung ausgeführt. Dies wird durch effiziente Faltungsalgorithmen, wie z.B. die auf FFT-Funktionen beruhende schnelle Faltung, jedoch wieder wettgemacht.

Da in Bild 12 der Block mit den Einschwingfehlern (schraffiert) und der Block mit dem ausschwingenden Filter (schraffiert) der Zwischenblöcke y' nicht weiter verarbeitet werden, müssen diese auch nicht aufwändig berechnet werden. Es ist hierdurch möglich, die linearen Faltungsoperationen, wie sie in Bild 13 schematisiert sind, durch schnelle und somit zyklische Faltungsoperationen (vgl. [KAM] S. 246 und [OPP] S. 656ff) zu ersetzen (Bild 14), wobei der Eingangsblock jedoch nicht, wie normalerweise üblich, durch Zero-Padding verlängert wird.

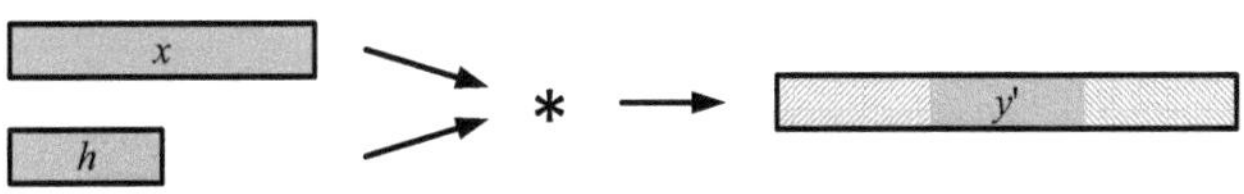

Bild 13: Lineare Faltung

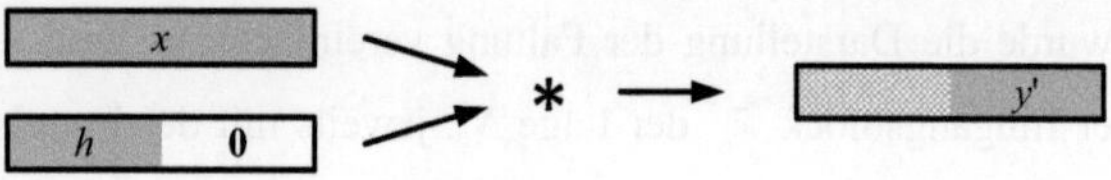

Bild 14: Zyklische Faltung ohne Zero-Padding des Eingangsblocks

Aus dem Ergebnisblock wird hierbei nur der hintere Teil verwendet, da sich aufgrund der periodischen Fortsetzung jeweils die Blöcke der Ausschwingphase in die Blöcke der Einschwingphase schieben. Wird die Impulsantwort $\vec{h}$ der Länge L durch Zero-Padding auf die Länge des Eingangsblocks $\vec{x}_m$ der Länge N verlängert, kann aus dem Ergebnisblock der schnellen Faltung y' ein korrekt gefalteter Block der Länge N-(L-1) entnommen werden.

Bild 15 zeigt das Schema eines Overlap-Save-Filters, das mit dem beschriebenen Prinzip der schnellen Faltung arbeitet.

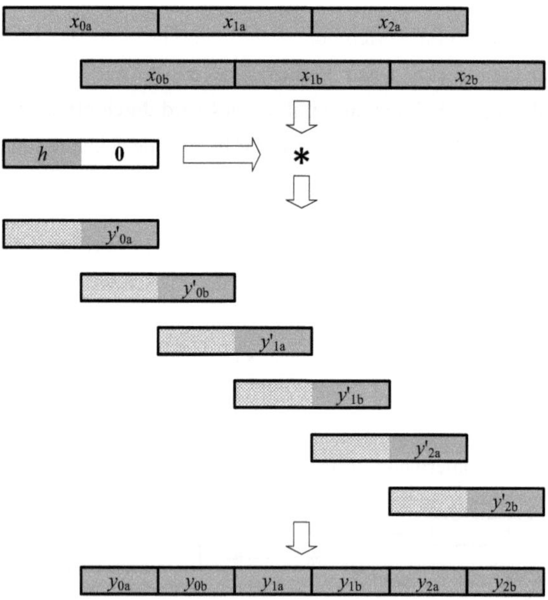

Bild 15: Schematische Darstellung eines Overlap-Save-Filters mit schneller Faltung

Filter, die nach dem Prinzip der schnellen Faltung arbeiten, haben eine natürliche Latenz N_{Lat}, die dadurch entsteht, dass die Werte des zu filternden Signals in den Eingangsblöcken $\vec{x}_m$ gepuffert werden müssen. Sie ergibt sich aus der Blocklänge N sowie der Länge der Impulsantwort L zu:

$$N_{Lat} = N - (L - 1) \tag{64}$$

4.5 Partitionierte Faltung

Bei der partitionierten Faltung wird nicht nur, wie in den vorhergehenden Methoden der blockweisen Faltung, das Eingangssignal in Blöcke zerlegt, sondern auch die Impulsantwort in K Bereiche partitioniert, was aufgrund der Linearität der Faltung problemlos möglich ist (vgl. [BEN] S. 158). Hierbei kann die Impulsantwort in Blöcke mit gleicher Größe (uniforme Partitionierung) oder in Blöcke mit unterschiedlicher Größe (non-uniforme Partitionierung) zerlegt werden. Jeder Abschnitt k der Impulsantwort kann nun als eigenständiges Filter mit der Impulsantwort $h_k(n)$ realisiert werden, wobei T_k den Beginn des Abschnitts bezeichnet:

$$h_k(n) = h(n + T_k) \qquad \text{für } n = 0...(T_{k+1} - T_k) \tag{65}$$

Um das Ausgangssignal $y(n)$ zu erhalten, müssen die Ausgangssignale $y_k(n)$ der einzelnen Filter jeweils um den Versatz T_k verzögert und akkumuliert werden:

$$y(n) = \sum_{k=0}^{K-1} y_k(n - T_k) \tag{66}$$

Bild 16 zeigt die schematische Darstellung einer partitionierten Faltung. Ein partitioniertes Filter kann so ausgelegt werden, dass die natürliche Latenz der einzelnen Filter kleiner oder höchstens gleich der erforderlichen Verzögerung T_k ist. Somit kann die natürliche Latenz der Einzelfilter von der Verzögerung quasi maskiert werden.

Als Sonderfall lässt sich das Filter sogar völlig latenzfrei auslegen, indem das erste Filter als diskretes, latenzfreies FIR-Filter implementiert wird. Weiterhin müssen hierfür alle folgenden Filter eine natürliche Latenz haben, die nicht größer als ihre entsprechende Verzögerung T_k sein darf. Die hierdurch gewonnene Latenzfreiheit erkauft man sich allerdings durch den erhöhten Rechenaufwand der diskreten Filterstruktur.

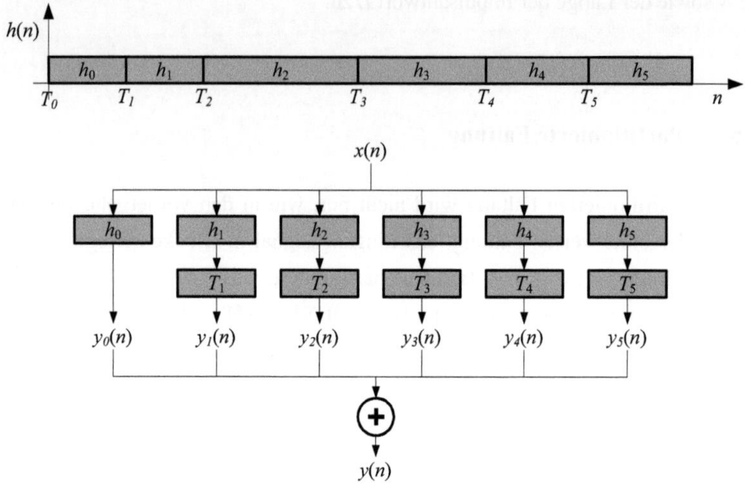

Bild 16: Schematische Darstellung einer partitionierten Faltung

4.6 Vorteilhafte Implementierung

Eine vorteilhafte Implementierung eines Multi-Delay-Filters verwendet die gleiche Blockgröße für die Zerlegung des Eingangssignals und die Zerlegung der Impulsantwort.

Sie zeichnet sich durch ihren einfachen Aufbau aus, der eine Umsetzung für eine Vielzahl von unterschiedlichen Zielplattformen erlaubt. Aus diesem Grunde wird sie von der in diesem Buch vorgestellten Simulation verwendet.

Für die Verarbeitung wird die Impulsantwort in K Blöcke zerlegt, die jeweils um eine Blocklänge mittels Zero-Padding gestreckt wird. Diese werden anschließend mit jeweils zwei Eingangsblöcken gefaltet, so dass sich pro Faltung eine zyklische Faltung ergibt (vgl. auch Bild 14).

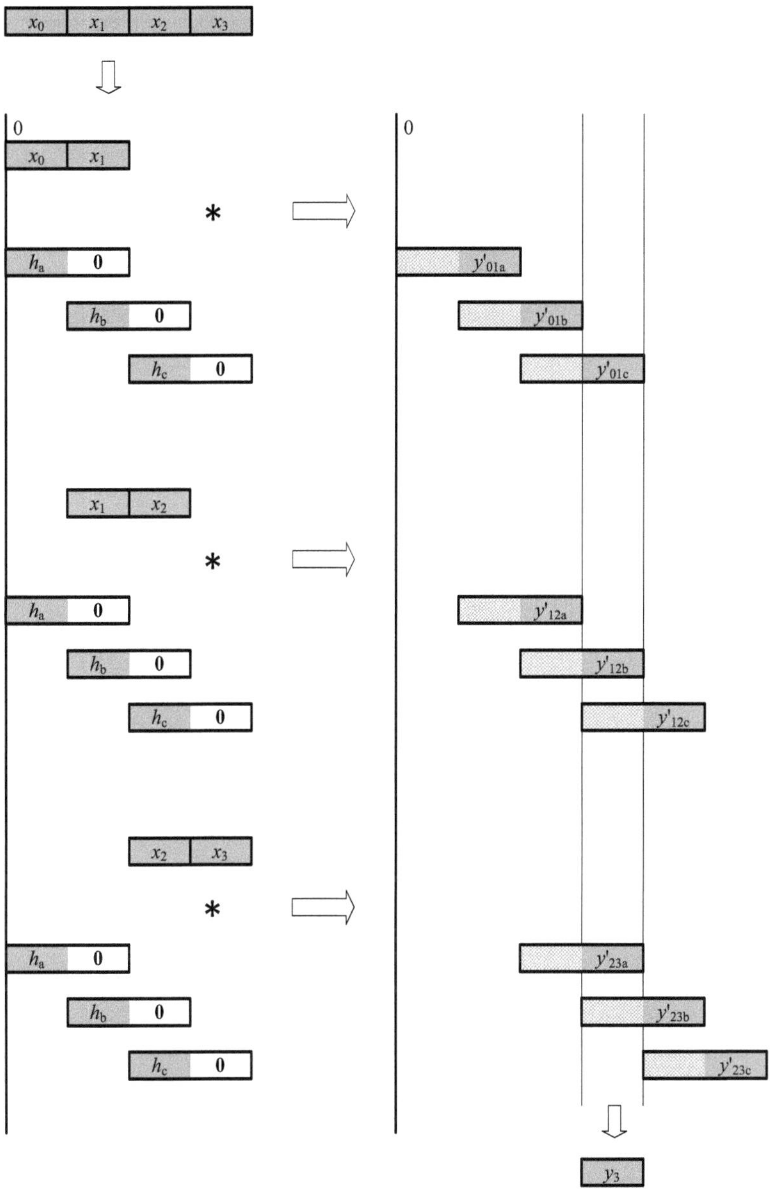

Bild 17: Schematische Darstellung eines Multi-Delay-Filters

Bild 17 zeigt schematisch die Funktionsweise eines Multi-Delay-Filters. Die Impulsantwort hat in diesem Beispiel die Länge von drei Audioblöcken ($K = 3$). Die linke Seite zeigt die zu verarbeitenden Blöcke mit ihrem zeitlichen Bezug als Nulllinie. Die rechte Seite zeigt die Faltungsergebnisse aus den drei mal drei Faltungen mit ihrem zeitlichen Bezug. Die dargestellte Momentaufnahme zeigt die Berechnungsphase des Ausgangsblocks y_3 aus den Zwischenblöcken y'_{01c}, y'_{12b} und y'_{23a}. Es wird deutlich, dass jeweils der aktuelle Eingangsblock sowie K vorherige Eingangsblöcke gepuffert werden müssen. Der oben links dargestellte Blockpuffer entspricht also einem FIFO-Puffer, der von rechts gefüllt wird. Die eigentlichen Faltungsoperationen werden wieder als schnelle Faltung ausgeführt.

Für die mathematische Darstellung der beschriebenen Implementierung werden die Audioblöcke als Vektoren repräsentiert. Die Relationen (67) und (68) zeigen, wie die für die schnelle Faltung benötigten Fouriertransformationen der Eingangsblöcke und Impulsantwortblöcke gebildet werden.

$$\vec{x}_m = \begin{pmatrix} \vec{x}'_{m-1} \\ \vec{x}'_m \end{pmatrix} \xrightarrow{FFT} \vec{X}_m \qquad (67)$$

Die Werte der Eingangsblöcke werden als Vektoren $\vec{x}'_m$ der Länge N dargestellt, der Index m bezieht sich auf die Blocknummer. Die Zwischenblöcke, repräsentiert durch die Vektoren $\vec{x}_m$, werden aus zwei Eingangsvektoren zusammengesetzt und haben somit die Länge $2N$. Der Vektor $\vec{X}_m$ bezeichnet das Ergebnis der FFT.

$$\vec{h}_k = \begin{pmatrix} \vec{h}'_k \\ \vec{Z} \end{pmatrix} \xrightarrow{FFT} \vec{H}_k \qquad (68)$$

Die Impulsantwort wird in K Vektoren $\vec{h}'_k$ der Länge N zerlegt, wobei die Länge der Impulsantwort L ein Vielfaches der Blocklänge N sein muss. $\vec{Z}$ bezeichnet einen Nullvektor der Länge N, der an $\vec{h}'_k$ angehangen wird, um den Vektor $\vec{h}_k$ der Länge $2N$ zu bilden. Der Vektor $\vec{H}_k$ bezeichnet das Ergebnis der FFT.

Die Gewinnung des Ausgangsblocks und somit den Kern der Signalverarbeitung zeigt die folgende Gleichung.

$$\vec{Y}_m = \sum_{k=0}^{K-1} \vec{H}_k \otimes \vec{X}_{m-k} \xrightarrow{IFFT} \vec{y}_m \tag{69}$$

Hierbei bezeichnet $\otimes$ die elementweise Multiplikation der Vektoren $\vec{H}_k$ und $\vec{X}_{m-k}$. Aus dem Ergebnis der Berechnung $\vec{Y}_m$ erhält man über die IFFT den gefilterten Ausgangsvektor $\vec{y}_m$.

Bei einer unveränderlichen Impulsantwort ist es möglich, die Fouriertransformationen der Impulsantwortvektoren $\vec{H}_k$ einmalig offline zu berechnen und für die ständige Verwendung in einem Blockdepot zu speichern. Mathematisch lässt sich dieses Depot als eine Matrix H darstellen, deren Spalten aus den einzelnen Fouriertransformationen der Impulsantwortvektoren bestehen:

$$H = \left(\vec{H}_{k-K+1} \quad \cdots \quad \vec{H}_{k-1} \quad \vec{H}_k \right) \tag{70}$$

Da die Fouriertransformation $\vec{X}_m$ jedes Eingangszwischenvektors $\vec{x}_m$ für K zu berechnende Ausgangsvektoren benötigt wird, ist es auch hier effizienter, die einmal angefertigte Fouriertransformation in einem FIFO-Blockdepot zu speichern, um sie nicht für jeden Block neu berechnen zu müssen. Auch dieses FIFO-Blockdepot lässt sich mathematisch als eine Matrix X darstellen, deren Spalten aus den einzelnen fouriertransformierten Eingangszwischenvektoren bestehen:

$$X_m = \left(\vec{X}_{m-K+1} \quad \cdots \quad \vec{X}_{m-1} \quad \vec{X}_m \right) \tag{71}$$

Die beschriebene Filterung lässt sich aufgrund der hoch entwickelten FFT-Algorithmen sehr performant einsetzen, obwohl von den Zwischenergebnissen der schnellen Faltungen jeweils nur eine Hälfte verwendet wird. Erkauft wird dieser Vorteil allerdings durch eine natürliche Latenz, die genau der Blockgröße N entspricht.

5. Rechenlastoptimierte Faltung

5.1 Rechenlast

FIR-Filter mit schneller Faltung erzeugen jeweils im Abstand von N_{Lat} eine erhöhte Rechenlast. Diese Rechenlastspitzen entstehen, da in diesem Abstand jeweils ein Eingangsblock mit ausreichend Samples gefüllt ist und die FFT des Eingangsblocks, die Multiplikation seines Spektrums mit dem Spektrum der Impulsantwort sowie die inverse FFT des Ergebnisses durchgeführt werden müssen.

Werden im Rahmen einer partitionierten Faltung mehrere FIR-Filter mit schneller Faltung implementiert, kann es bei einer ungünstigen Überlagerung der einzelnen Rechenlastspitzen zu einer allgemeinen Überlast kommen. Dies kann in einem Echtzeitszenario zu Lücken im Ausgangssignal führen, in denen der zugehörige Ausgangswert $y(n)$ nicht rechtzeitig berechnet werden kann.

Zur Vermeidung einer derartigen Überlast stehen Verfahren zur Verfügung, die in den folgenden Abschnitten beschrieben werden (vgl. auch [GAR] und [GAW]).

5.2 Blockversatz

Die auftretende Rechenlast eines Echtzeitverfahrens sollte idealerweise möglichst konstant über die Zeit verteilt werden. Für die partitionierte Faltung bedeutet dies eine möglichst gleichmäßige Verteilung der Rechenlastspitzen, indem die Blockgrenzen der einzelnen Filter gegeneinander versetzt werden. Während der Initialisierung der Filter werden hierbei die Eingangsblöcke aller Filter mit Nullen gefüllt, das Schreiben der Werte in die Blöcke erfolgt anschließend mit einem Blockversatz. Die Bilder 18 und 19 zeigen hierzu Beispiele.

Für uniform partitionierte Filter lässt sich der ideale Blockversatz N_{Ak} jedes Filters h_k aus der Blockgröße N berechnen:

$$N_{Ak} = kN/K \tag{72}$$

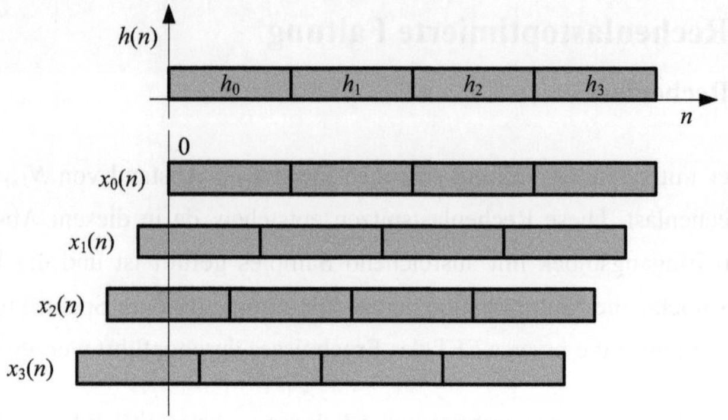

Bild 18: Blockversatz bei uniformer Partitionierung

Für non-uniform partitionierte Filter, bei denen jeder Block doppelt so lang ist wie der vorhergehende, lässt sich der Blockversatz N_{Ak} jedes Filters h_k aus der Blockgröße N_0. des kleinsten Filters berechnen:

$$N_{Ak} = \frac{N_0}{2}\left(2^k - 1\right) \tag{73}$$

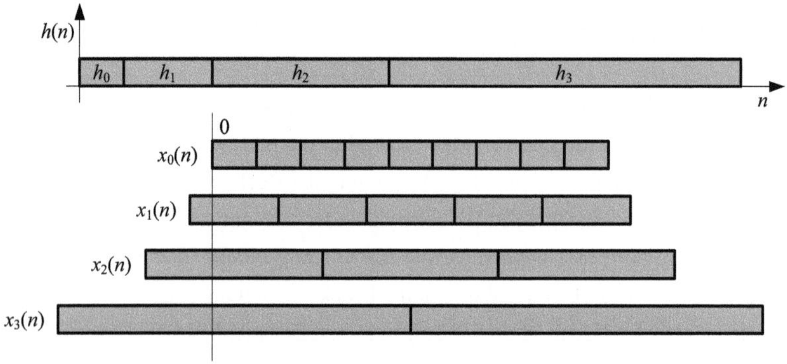

Bild 19: Blockversatz bei non-uniformer Partitionierung

Da die Rechenlastspitzen als gleichmäßige Oszillation auftreten, kann es sich je nach Implementierung auch als vorteilhaft erweisen, wenn die einzelnen Blockgrößen keine Vielfachen voneinander sind. Hierbei wandern die Rechenlastspitzen der einzelnen Filter vergleichbar mit asynchronen Oszillatoren über die Zeit, überlagern sich jedoch auch teilweise. Aufgrund dieser Tatsache, aber auch für die effiziente Berechnung der FFT selbst, empfehlen sich hierbei für die Wahl der Blockgrößen bzw. der zugrundeliegenden Impulsantwortlängen insbesondere Primzahlen. Ebenfalls vorteilhaft ist in diesem Zusammenhang eine rekursive Zerlegung in Primzahlen beispielsweise in Form einer Primfaktorzerlegung.

5.3 Multithreading

Die Implementierung von partitionierten Filtern auf Standard-CPUs, wie sie beispielsweise in PCs zu finden sind, kann weiter optimiert werden, indem jedes Einzelfilter in einem eigenen Thread berechnet wird. Hierzu wird ein Teil des Filters so angelegt, dass zu der natürlichen Latenz eine weitere Verzögerung kommt. Während dieser Verzögerung hat das Betriebssystem die Möglichkeit, die Last der durchzuführenden Berechnungen selbstständig über die Zeit zu verteilen. Synchronisiert werden die Threads auf das erste Sample, zu dem der in dem entsprechenden Block gefilterte Signalabschnitt benötigt wird.

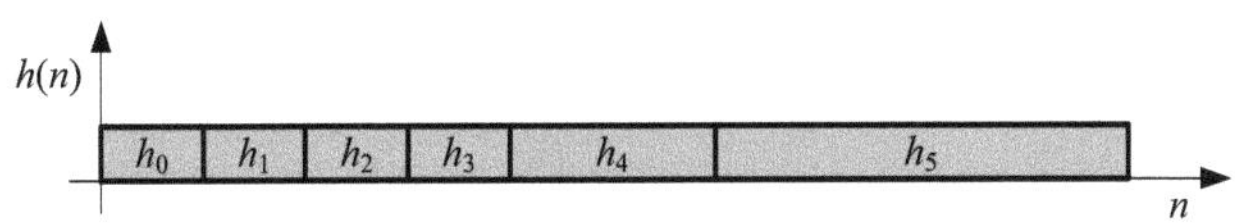

Bild 20: Beispielhaftes Partitionierungsschema für eine Threadoptimierung

Ein hierfür vorteilhafter Aufbau ist als Beispiel in Bild 20 gezeigt. Hierbei wird der Anfang der Impulsantwort in vier gleiche Blöcke aufgeteilt, alle weiteren folgenden Blöcke haben jeweils die doppelte Blocklänge des Vorgängerblocks. Das erste hieraus entspringende Filter h_0 kann als latenzfreies diskretes Filter ausgelegt werden, was im Ergebnis das gesamte Filter latenzfrei werden lässt. Das Filter h_1 hat seine natürliche Latenz als Verzögerung. Das folgende Filter h_2 hat neben seiner natürlichen Latenz eine volle Blocklänge Verzögerung, in der das Betriebssystem eigenständig die anfallende Rechenlast verteilen kann. Alle weiteren folgenden Filter haben als Verzögerung sogar zwei Anfangsblocklängen, was eine erhebliche Threadoptimierung mit sich bringen kann.

Das Schema für den Blockversatz ist für diese Art der Filter zweigeteilt. Ein Raster entsteht durch die Anwendung von (73) auf das erste Filter mit doppelter Anfangsblockgröße (in diesem Fall h_4), das andere Raster entsteht durch eine dazwischenliegende Verteilung aller uniform partitionierten Blöcke, die mittels einer schnellen Faltung berechnet werden, durch Anwendung von (72). Den optimalen Blockversatz für das in Bild 20 dargestellte Partitionierungsschema zeigt Bild 21, wobei das latenzfreie diskrete Filter h_0 weggelassen wurde.

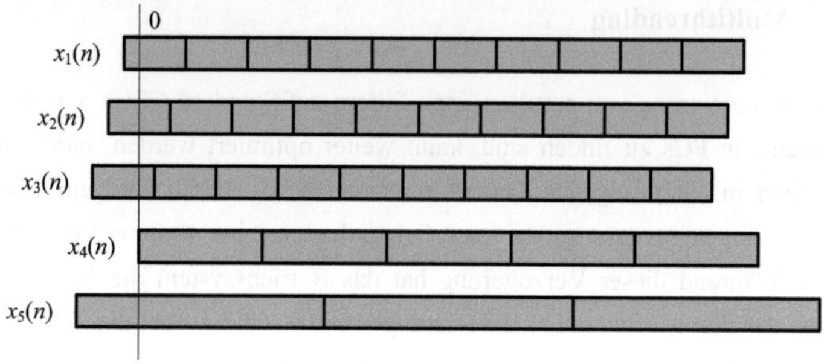

Bild 21: Beispielhafter Blockversatz für eine Threadoptimierung

Auch für Blockgrößen, die keine Vielfachen voneinander sind, bietet sich eine Threadoptimierung mit oder ohne zusätzlicher Verzögerung an, da hierdurch der worst case in Form von einer Überlagerung aller Blockgrenzen abgefangen werden kann. Diese tritt jedoch nur äußerst selten auf, wenn sinnvolle Blockgrößen wie beispielsweise Primzahlen mit entsprechendem Blockversatz gewählt werden.

6. Implementierung in MATLAB

6.1 Beschreibung der Testroutine

Die MATLAB-Testumgebung besteht aus dem Script `roomulator_environment.m`, das auf die Funktionen `small_rooms_funct.m` (vgl. Abschnitt 6.2), sowie die ursprünglich von Jan-Mark Batke (batke@nue.tu-berlin.de) implementierten Funktionen `mdf_init_v2.m` und `mdf_process_v2.m` (vgl. Abschnitt 6.3) zugreift. Es wird eine Raumimpulsantwort erzeugt, mit der ein Multi-Delay-Filter erstellt wird, welches für die Filterung eines Testsignals verwendet wird.

Nach der Initialisierung des Arbeitsbereichs werden für alle Variablen Standardwerte aus der Datei `roomulator.mat` geladen. Des Weiteren wird der Eingangsvektor `x` aus der Datei `input.wav` erzeugt.

Als Parameter für den zu erzeugenden Raum werden folgende Variablen benutzt:

`c`: Schallgeschwindigkeit in m/s

`s`: Zeilenortsvektor des Lautsprechers in m

`r`: Zeilenortsvektor des Mikrophons in m

`L`: Zeilenvektor mit den Maßen des Raums in m mit der Reihenfolge $[L_x\ L_y\ L_z]$

`b`: Zeilenvektor mit den Reflexionskoeffizienten mit der Reihenfolge $[x = 0\ x = L_x\ y = 0\ y = L_y\ z = 0\ z = L_z]$

`N`: Länge der zu erstellenden Impulsantwort.

Die Berechnung der Raumimpulsantwort `h` wird durch den Befehl `small_rooms_funct` durchgeführt.

Als Parameter für das zu erstellende Multi-Delay-Filter werden folgende Variablen benutzt:

`L_blk`: Blocklänge der zu bearbeitenden Audioblöcke.

`N_blk`: Anzahl der Blöcke, in die das Eingangssignal zerlegt wird.

Das Filter wird über den Aufruf der Funktion `mdf_init_v2` erzeugt. Die Filterung jedes Eingangsblocks führt die Funktion `mdf_process_v2` durch, die jeweils einen Ausgangsblock `y_temp` zurückliefert. Der Ausgangsvektor `y`, der abschließend unter der Datei `output.wav` gespeichert wird, entsteht aus der Aneinanderreihung der Ausgangsblöcke `y_temp`.

Sowohl das verwendete Testscript als auch die Funktionen dienen der Veranschaulichung der Algorithmen und sind nicht in jedem Punkt auf Effizienz ausgelegt. Eine weitaus effizientere Implementierung wird in C/C++ vorgestellt (vgl. Abschnitt 7).

6.2 Implementierung des Raummodells

Die Funktion `small_rooms_funct` berechnet die Raumimpulsantwort `h` nach Formel (63) und liefert sie als Spaltenvektor zurück. Es werden folgende Werte als Parameter übergeben:

`c`:	Schallgeschwindigkeit in m/s
`fs`:	Abtastfrequenz in Hz
`s`:	Zeilenortsvektor des Lautsprechers in m
`r`:	Zeilenvektor des Mikrophons in m
`L`:	Zeilenvektor mit den Maßen des Raums in m mit der Reihenfolge $[L_x\ L_y\ L_z]$
`b`:	Zeilenvektor mit den Reflexionskoeffizienten mit der Reihenfolge $[x = 0\ x = L_x\ y = 0\ y = L_y\ z = 0\ z = L_z]$
`N`:	Länge der zu erstellenden Impulsantwort.
`Omega_g`:	(optional) normierte Knickfrequenz eines 1-Pol-Hochpassfilters, das auf die entstehende Impulsantwort angewendet werden kann.

Der optionale achte Parameter (`Omega_g`) enthält die normierte Knickfrequenz eines 1-Pol-Hochpassfilters, mit dem die entstehende Impulsantwort nach der Erzeugung gefiltert werden kann. Der Wertebereich lautet [0...1], was einem Bereich von $[0...\pi]$ entspricht. Dieses Hochpassfilter entfernt evtl. entstehende Gleichanteile der Impulsantwort, die durch die in der Approximation gemachten Vereinfachungen entstehen können, in der der Realität jedoch physikalisch unmöglich sind (vgl. auch Abschnitt 3.5). Wird der Parameter nicht angegeben, entfällt die Hochpassfilterung.

Über die Hilfsvariable `distance_per_sample`, die die zurückgelegte Entfernung des Schalls während der Abtastdauer angibt, werden alle Entfernungen auf Werte normiert, die die Anzahl der Abtastwerte angeben, die der Schall braucht, um diese Entfernung zu durchqueren. Diese Normierung ist sinnvoll, da hierdurch, wie später gezeigt wird, jeweils die Umrechnung von Verzögerungszeiten in Feldindices entfällt. Hierzu ein Beispiel:

Länge: 5 m
Schallgeschwindigkeit: 330 m/s
Abtastfrequenz: 44100 Hz
`distance_per_sample`: 0,748 cm
Länge (normiert): 668

D.h. der Schall legt 0,748 cm innerhalb einer Abtastdauer zurück, und es muss die Dauer von 668 Abtastwerten verstreichen, bis der Schall die Entfernung von 5 m zurückgelegt hat.

Durch die angegebene Länge der Impulsantwort ist auch die maximal zulässige Entfernung r_{max} der Spiegelquellen festgelegt:

$$r_{\max} = \frac{c \cdot N}{f_s} \tag{74}$$

Es ergibt sich somit ein kugelförmiger Raum um den Empfänger, der alle relevanten Quellen enthält. Die Berechnung der Spiegelquellen wird so durchgeführt, dass erst ein die Kugel umschließender Quader berechnet wird. Die Quellen innerhalb dieses Quaders werden nur weiterverarbeitet, wenn der Abstand zum Empfänger kleiner als der Maximalabstand r_{max} ist. Die Variablen `order_x`, `order_y`, und `order_z`, geben an, wie oft der Quellenstempel in der jeweiligen Richtung nebeneinander abgebildet wird. Sie ersetzen also die Grenzen der Summen für n, l und m in Gleichung (63).

Anders als in Gleichung (63) bilden in der Implementierung die acht Permutationen der Quellen des Quellenstempels die äußeren drei Schleifen. Dies hat den Vorteil, dass die jeweilige Position der Quelle des Quellenstempels `Rp` nicht für jede Quelle neu berechnet werden muss. Es wird also jeweils nur eine Quelle des Quellenstempels berechnet, die dann durch die drei inneren Schleifen in den Quader abgebildet wird.

Der Differenzvektor `R` zwischen Spiegelquelle und Senke wird mit dem Transformationsvektor `Rt` und der jeweiligen Position der Quelle des Quellenstempels `Rp` (Gleichung (60) und (61)) berechnet.

Es wird die Hilfsvariable `index` gebildet, die angibt, an welche Stelle des Feldes der berechnete Impuls gespeichert werden soll. In diesem Schritt erweist sich die anfangs vorgenommene Normierung als sinnvoll. Ist der berechnete Index größer als die Länge der Impulsantwort, d.h. liegt die Spiegelquelle nicht mehr innerhalb der relevanten Kugel, wird die ermittelte Quelle nicht weiterverarbeitet, und die nächste Spiegelquelle wird ermittelt. Ist die Quelle jedoch relevant, beginnt die eigentliche Berechnung. Der Skalierungsfaktor `scale` des jeweiligen Impulses wird zur besseren Lesbarkeit getrennt nach Zähler `scale_numerator` und Nenner `scale_denominator` berechnet. Abschließend wird der skalierte Impuls (bzw. der Skalierungsfaktor selbst, da der Impuls den Wert 1 hat) an der Stelle `index` zu der Impulsantwort addiert.

Nach der Berechnung der Impulsantwort nach der Spiegelquellenmethode erfolgt die optionale Hochpassfilterung, bei der über die MATLAB-Funktion `fir1` ein Hochpassfilter entworfen wird, das die Impulsantwort mittels der MATLAB-Funktion `filter` filtert.

6.3 Implementierung des Multi-Delay-Filters

Das Multi-Delay-Filter besteht aus zwei Funktionen, eine, die das Filter aufbaut und initialisiert, (`mdf_init_v2.m`) sowie eine, die die blockweise Filterung durchführt (`mdf_process_v2.m`). Das Filter selbst besteht aus einer MATLAB-Struktur und arbeitet nach dem in Bild 17 dargestellten Verfahren.

Der Funktion `mdf_init_v2` werden folgende Parameter übergeben:

`fftorder`: Blocklänge der zu bearbeitenden Audioblöcke.

`impulseresponse`: Spaltenvektor mit der Impulsantwort des Filters. Die Länge der Impulsantwort sollte ein Vielfaches der Blocklänge sein.

Als Rückgabewert liefert die Funktion eine initialisierte MATLAB-Struktur eines Multi-Delay-Filters, die die folgenden Einträge hat:

`N`: Blocklänge der zu bearbeitenden Audioblöcke.

`L`: Länge der Impulsantwort.

`K`: Anzahl der Blöcke, in die die Impulsantwort zerlegt wird.

`h_L`: Kopie der übergebenen Impulsantwort.

`h_NK`: Matrix, die spaltenweise die Vektoren $\vec{h}_k$ enthält (vgl. Gleichung (68)). Die Anzahl der Spalten beträgt somit *K* und die Anzahl der Zeilen *2N*.

`H_NK`: Matrix, die spaltenweise die komplexen Fourierspektren der Impulsantwortblöcke enthält (vgl. Gleichung (70)).

`X`: Matrix, die das FIFO-Eingangsblockdepot repräsentiert (vgl. Gleichung (71)).

`x_last`: Zeilenvektor, der den letzten Eingangsblock puffert.

Bevor die eigentliche Filterstruktur erstellt wird, wird die Länge der dem Filter übergebenen Impulsantwort `impulseresponse` daraufhin überprüft, ob sie ein Vielfaches der übergebenen Blocklänge `fftorder` ist. Ist dies nicht der Fall, werden an die Impulsantwort `paddlength` Nullen als Zero-Padding angehängt, um die Impulsantwort auf ein Vielfaches zu verlängern.

Die nächsten Schritte fügen die das Filter beschreibenden Größen `N`, `L`, `K` und die evtl. verlängerte Impulsantwort `h_L` in die Filter-Datenstruktur ein. Im Sinne von objektorientierter Programmierung entspräche dies dem Definieren von Member-Attributen.

Die Impulsantwort wird nach Formel (68) zerlegt und in die neu erstellte Matrix `h_NK` kopiert. Diese Matrix ist für die Durchführung der Faltungsoperationen nicht wichtig, da die Faltungen, die nach der Methode der schnellen Faltung ausgeführt sind, nur die Fouriertransformationen der einzelnen Blöcke benötigen. Aus Anschaulichkeitsgründen wird diese Matrix jedoch gesondert erstellt und zu der MATLAB-Struktur des Filters hinzugefügt, obwohl sie durch die Matrix `H_NK` redundant ist.

Die für die Faltungen relevante Matrix `H_NK` entsteht entsprechend Formel (68) und (70) durch eine spaltenweise FFT der Matrix `h_NK` mittels der MATLAB-Funktion `fft`.

Als abschließende Initialisierungen erzeugt die Funktion `mdf_init_v2` die Matrix `X`, die das FIFO-Eingangsblockdepot $\vec{X}_m$ repräsentiert (vgl. Gleichung (71)), sowie den Eingangsblockpuffer `x_last`.

Der Funktion `mdf_process_v2`, die die blockweise Signalverarbeitung vornimmt, werden folgende Parameter übergeben:

`x`:	Aktueller Vektor des Eingangssignals der Länge `N`.
`st`:	MATLAB-Struktur des Multi-Delay-Filters, nach dem die Filterung vorgenommen wird. Die interne Blocklänge des Filters muss mit der Länge des Vektors `x` übereinstimmen.

Als Rückgabewerte liefert die Funktion die folgenden Variablen:

`st`:	MATLAB-Struktur des Multi-Delay-Filters, das als Eingangsparameter übergeben wurde. Durch die erfolgte Filterung wurden die internen Eingangs-Puffer aktualisiert. Durch diese Rückgabe wird ein „Call by Reference“-Mechanismus realisiert.
`y`:	Aktueller Vektor des erzeugten Ausgangssignals der Länge *N*.

Die Spalten der Matrix `H_NK` werden nach links verschoben, wobei gleichzeitig die rechte Spalte mit der Fouriertransformation der Zusammensetzung aus dem aktuellen und dem letzten (im Vektor `x_last` gespeicherten) Eingangsvektor aufgefüllt wird. Der Eingangsblockpuffer `x_last` übernimmt daraufhin die Werte des aktuellen Eingangsblocks.

Die Akkumulation der berechneten Zwischenblöcke findet im Vektor `Ysum_2N` statt, der dem Vektor $\vec{Y}_m$ aus Gleichung (69) entspricht und mit Nullen initialisiert ist.

Nach der direkten Umsetzung der Formel (69) in der `for`-Schleife wird der Vektor `Ysum_2N` mittels der MATLAB-Funktion `ifft` einer IFFT unterzogen und in den Vektor `y_2N` transformiert. Um evtl. durch numerische Ungenauigkeiten entstandene komplexe Werte zu verwerfen, darf von dem Ergebnis der IFFT nur der Realteil verwendet werden.

Als Ergebnis für den Ausgabevektor `y` wird nur der zweite Teil der Rücktransformation `y_2N` verwendet, da der erste Teil die Fehler der periodischen Fortsetzung bei der schnellen Faltung enthält.

Die Variablen `Ysum_2N` und `y_2N` werden zu der MATLAB-Struktur, die das Filter repräsentiert, aus Anschaulichkeitsgründen hinzugefügt, obwohl aus struktureller Sicht temporäre Variablen angemessener wären. So ist es möglich, die Funktionsweise des Filters nach jedem Verarbeitungsschritt genau zu analysieren.

7. Implementierung in C/C++

7.1 Die Funktionsweise der LADSPA-Schnittstelle

Die LADSPA-Schnittstelle (Linux Audio Developers Simple Plugin API) wurde entwickelt als eine schlanke Schnittstelle zwischen Signalverarbeitungsprogrammen (Hosts) und externen Modulen (Plugins) (vgl. [LAD]). Sie besteht aus einer C-Header-Datei, in der Datentypen und Funktionsprototypen definiert sind, die durch Präprozessoranweisungen auch auf die Bindung mit C++ Programmen vorbereitet ist. Die LADSPA spezifiziert, mit Bezug auf die Einfachheit und Schlankheit des Interfaces, keine einheitliche GUI (Graphical User Interface). Entwickelt wurde die LADSPA von Richard W.E. Furse, Paul Barton-Davis und Stefan Westerfeld. Die im Rahmen dieses Buchs vorgestellten Module benutzen die von Ken McMillan um die `ladspa_configure`-Funktion erweiterte Interface (vgl. [MCM]).

Das Bemerkenswerte an der LADSPA ist, dass es sich hierbei um eine reine Kapselung von ANSI-Sprachbestandteilen handelt. Es werden also keine Bibliotheks-Funktionen in Binärform benötigt. Als einzigen über die Schnittstelle verarbeiteten Datentyp verwendet die LADSPA den Typ `LADSPA_data`, der als Typdefinition (`typedef`) technisch dem Typ `float` (32 Bit Gleitpunkt) entspricht. Dies hat zur Folge, dass die Schnittstelle obwohl sie explizit für Linux entwickelt wurde, auch plattformübergreifend unter Windows oder MacOS benutzt werden kann.

LADSPA-Plugins werden unter Linux als shared-object-files (`*.so`) erzeugt. Das dynamischen Laden der Plugins zur Laufzeit des Hosts, sowie der Zugriff auf die in der Schnittstelle definierten Funktionen erfolgen vom Host über die in der Bibliothek `dlfcn.h/dl` enthaltenen Funktionen `dlopen`, `dlsym` und `dlerror`.

Als erster Schritt in der Kommunikation zwischen dem Host und dem Plugin lädt der Host das shared-object-file des Plugins über den Aufruf der Funktion `dlopen`. Aus der Datei wird nun vom Host mittels der Funktion `dlsym` die

Funktion `ladspa_descriptor` oder bei der Verwendung der nach Ken McMillan erweiterten LADSPA-Spezifikation die Funktion `ladspa_config` geladen.

Die Funktion `ladspa_descriptor` übernimmt als Parameter einen Index, der, wenn die Datei mehrere Typen Plugins enthält, angibt, welcher Typ von Plugin geöffnet werden soll. Ist nur ein Typ Plugin enthalten, wird der Index 0 übergeben. Bei ungültigen Indizes liefert die Funktion einen Null-Zeiger zurück. Die Funktion `ladspa_descriptor` muss in jedem LADSPA-Plugin vorhanden sein, damit das Plugin abwärtskompatibel bleibt.

Die Funktion `ladspa_config` übernimmt als Parameter einen nullterminierten String, der funktionsintern ausgewertet wird und spezielle Initialisierungen der zurückgegebenen `LADSPA_Descriptor`-Struktur durchführt. Das Format des Strings ist generisch und somit abhängig vom verwendeten Plugin. Es muss also im zum Plugin gehörenden Hilfetext erklärt werden.

Sowohl die Funktion `ladspa_descriptor` als auch die Funktion `ladspa_config` liefern als Rückgabewert einen Zeiger (`LADSPA_Descriptor_Function`) auf die den Plugin-Typen beschreibende C-Struktur (`struct`) `LADSPA_Descriptor` (vgl. Bild 22). Diese Struktur enthält den Bauplan einzelner Plugin-Instanzen, Plugin-Attributsvariablen, sowie Zeiger auf die Callback-Funktionen, in denen die Funktionalität enthalten ist.

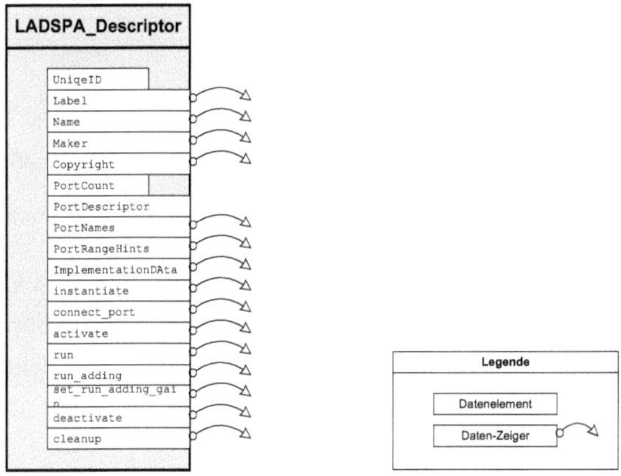

Bild 22: Schematische Darstellung der LADSPA_Descriptor-Struktur

Die LADSPA_Descriptor-Struktur besteht größtenteils aus Zeigern, die auf die eigentlichen Daten/Funktionen zeigen. Die genaue Erklärung der einzelnen Einträge erfolgt im Anhang.

Für jeden Plugin-Typ muss der Host die Adresse des beschreibenden LADSPA_Descriptors in einer Tabelle speichern. Die LADSPA_Descriptor-Struktur selbst ist noch keine Plugin-Instanz. Plugin-Instanzen erzeugt der Host, indem er die Callback-Funktion instantiate aus der LADSPA_Descriptor-Struktur aufruft. Der Rückgabewert der Funktion ist ein Zeiger auf den Speicherbereich der Instanz (LADSPA_Handle *), der vom Host gespeichert werden muss. Was in der Instanz genau gespeichert ist, ist für den Host irrelevant. Über den Handle erfolgen alle weiteren Zugriffe auf die Plugin-Instanz.

Nachdem der Speicherbereich der Instanz belegt ist, ermittelt der Host über die Angaben in der LADSPA_Descriptor-Struktur (PortCount, PortDescriptors), wie viele Ports das Plugin hat. Ports sind Zeiger auf LADSPA_Data-Blöcke, die Teile der Plugin-Instanz sind, deren Ziel sich aber vom Host über den Aufruf der Callback-Funktion connect_port setzen lassen kann. Diese Port-Zeiger zeigen somit quasi aus der Instanz heraus (Bild 23).

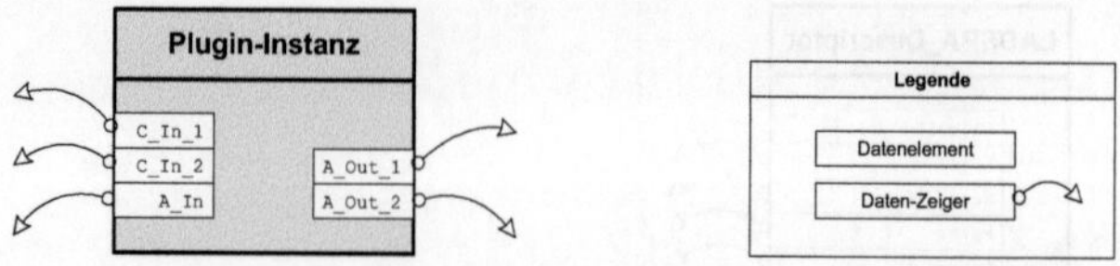

Bild 23: Schematische Darstellung einer Plugin-Instanz nach der Erzeugung

Bild 23 zeigt die schematische Darstellung einer Instanz mit drei Eingangs-Ports und zwei Ausgangsports. Vom Host wird nun für jeden Port ein Speicherbereich vom Typ `LADSPA_Data` bereitgestellt. Für Audio-Ports werden Felder, für Steuer-Ports einzelne Variablen reserviert.

Die Verknüpfung der Port-Zeiger der Instanz mit dem vom Host reservierten Speicherbereich erfolgt über die Callback-Funktion `connect_port` aus der `LADSPA_Descriptor`-Struktur, der die Nummer des zu verknüpfenden Ports sowie die Adresse des entsprechenden Speicherbereichs übergeben wird.

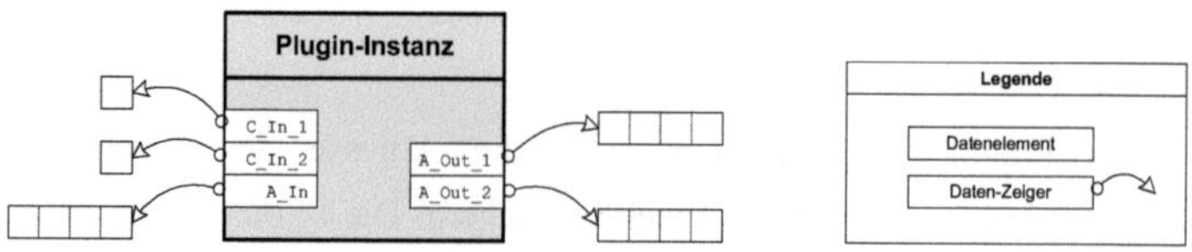

Bild 24: Schematische Darstellung einer Plugin-Instanz nach der Verknüpfung mit `LADSPA_Data`-Puffern

Bild 24 zeigt die entstehende Datenstruktur, wobei die Audio-Ports (`A_In`, `A_Out_1`, `A_Out_2`) auf `LADSPA_Data`-Felder, die Steuer-Ports (`C_In_1`, `C_In_2`) auf einzelne `LADSPA_Data`-Variablen zeigen.

Die Verknüpfung mit den `LADSPA_Data`-Puffern ist der Kern der LADSPA-Schnittstelle, da über sie der Datenaustausch zwischen Host und Plugin stattfindet.

Nachdem die Ports der Plugin-Instanz verknüpft sind, ruft der Host die Callback-Funktion `activate` aus der `LADSPA_Descriptor`-Struktur auf. Dieser Aufruf bewirkt, dass das Plugin initialisiert wird und sich in einen Startzustand versetzen kann. Diese Funktion entspricht einem Zurücksetzen der Plugin-Instanz, ohne dass die Instanz abgebaut und neu aufgebaut/verbunden werden muss.

Nach diesem Aufruf ist das Plugin aktiviert und bereit, mit der Signalverarbeitung zu beginnen. Die Verarbeitung erfolgt über Aufrufe der Callback-Funktionen `run` oder `run_adding` aus der `LADSPA_Descriptor`-Struktur. Hierbei werden jeweils die aktuellen Daten in den `LADSPA_Data`-Blöcken, auf die die Eingangs-Port-Zeiger zeigen, verwendet, um mit ihnen die `LADSPA_Data`-Blöcke zu berechnen, auf die die Ausgangs-Port-Zeiger zeigen. Der Unterschied zwischen `run` und `run_adding` besteht darin, dass die Funktion `run` die Werte in den Ausgangsblöcken ersetzt, `run_adding` die Werte in den Ausgangsblöcken jedoch kumuliert. Die Funktion `run` eignet sich somit besonders, wenn das Plugin als Insert-Effekt (z.B. wie ein Kompressor) verwendet wird, `run_adding` eignet sich besonders, wenn das Plugin als Bus-Effekt (z.B. wie ein Delay) verwendet wird.

Um eine Plugin-Instanz zu deaktivieren, ruft der Host die Callback-Funktion `deactivate` aus der `LADSPA_Descriptor`-Struktur auf. Dieser Aufruf, der das Gegenstück zu dem `activate`-Aufruf darstellt, signalisiert dem Plugin, dass bis zum nächsten Aufruf der `activate`-Funktion keine weiteren `run`- oder `run_adding`-Aufrufe mehr erfolgen.

Die endgültige Freigabe des Speichers erfolgt über den Aufruf der Callback-Funktion `cleanup` aus der `LADSPA_Descriptor`-Struktur. In dieser Funktion wird der Speicher, auf den der übergebene Plugin-Handle zeigt, freigegeben. Nach dem Aufruf der Funktion `cleanup` muss der Plugin-Handle, der nun ungültig ist, aus der Plugin-Tabelle des Hosts gelöscht werden.

7.2 LADSPA-Host

Der in diesem Buch beschriebene LADSPA-Host (`host_main.cpp`) ist eine terminalbasierte C++ Anwendung. Der größte Teil der Funktionalität wird von den Klassenbibliotheken (`ladspa_plugin_host`, `cpp_errors`) übernommen. Diese Aufteilung ermöglicht eine sehr schlanke main-Funktion, die nur die Erzeugung und Verwaltung der einzelnen Plugin-Objekte, jedoch keine direkte

Signalverarbeitung durchführt. Durch den modularen Aufbau ist weiterhin eine einfache Erweiterbarkeit der Module (z.B. um ein Grafik-Interface) gewährleistet.

Aus Sicht des Hosts stellen sich einzelne LADSPA-Plugins als Objekte der Klasse `CladspaPluginHost` dar, die die spezielle Funktionsweise der LADSPA-Bibliothek kapselt. Somit ist es für den Host irrelevant, wie die Kommunikation, das Speichermanagement und die Instanzverwaltung über die LADSPA-Schnittstelle abgewickelt werden, da die Plugin-Klasse diese Aspekte selbstständig verwaltet. Der Host wird also von keinem Teil der LADSPA-Spezifikation berührt.

Durch die Kapselung der LADSPA-Schnittstelle in der Plugin-Klasse bleibt der Host universell einsetzbar, und es ist möglich – durch die Erstellung von weiteren Plugin-Klassen die anderen Plugin-Schnittstellen kapseln (wie z.B. VST, vgl. [STE]) – Plugins, die unterschiedliche Schnittstellen benutzen in einem Universalhost gleichzeitig zu verwenden. Des Weiteren kann der Host durch dieses Konzept plattformunabhängig ausgelegt werden.

Bild 25 zeigt die schematische Darstellung eines `CLadspaPluginHost`-Objektes, so wie es von außen, d.h. für den Host, erscheint.

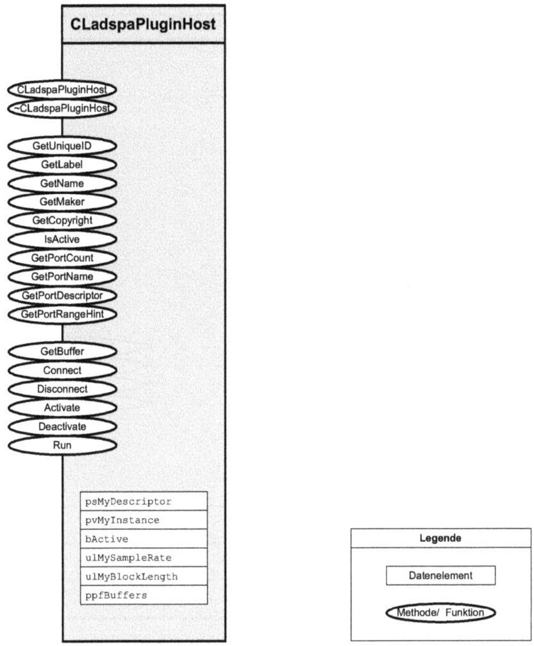

Bild 25: Übersicht über die Methoden und Variablen der Klasse `CLadspaPlugin`

Aus Sicht der LADSPA-Spezifikation stellen die Objekte der Klasse `CLadspaPlugin` jeweils kleine Host-Module dar. Sie speichern die Adresse des `LADSPA_Descriptors` des jeweiligen Plugin-Typs (über den Zeiger `psMyDescriptor`), die Adresse der LADSPA-Instanz (über den Zeiger `pvMyInstance`) sowie die Adressen der jeweiligen Speicherbereiche der Ports (über das Array `ppfBuffers`). Für den Zugriff auf die Callbackfunktionen wird die Adresse der Funktionen jeweils im Aufruf der zugehörigen Methode aus dem `LADSPA_Descriptor` ermittelt. Bild 26 zeigt schematisch die Funktionsweise eines `CLadspaPlugin`–Objekts, wobei nur die wichtigsten Datenelemente und Funktionen dargestellt sind.

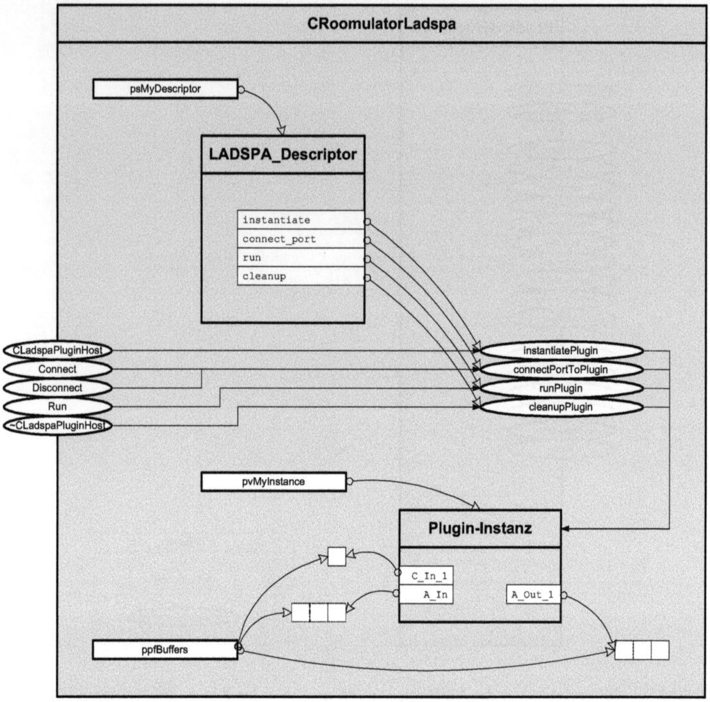

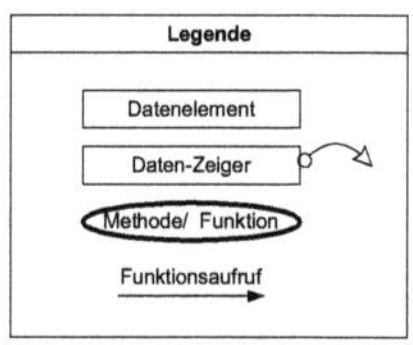

Bild 26: Speicher- /Aufrufdiagramm der Klasse `CLadspaPlugin`

Der relativ komplexe Modus der Pluginverwaltung wird nach außen vereinheitlicht. Die Informationen, die am `LADSPA_Descriptor` hängen, können so über C++ typische Get-Funktionen an den Host geliefert werden. Bemerkenswert ist, dass die Datenelemente der Plugins in zwei verschiedenen Datenbereichen liegen. Die Elemente der Pluginklasse liegen im Datenbereich des Hosts, wohingegen der `LADSPA_Descriptor`, die Plugin-Instanz und die Callback-Funktionen im Datenbereich der dynamisch geöffneten Bibliothek liegen. Für den Host sind diese Feinheiten aufgrund der Kapselung unsichtbar.

Um Fehler bei der Erzeugung oder während des Betriebs der Klasse zu signalisieren, werden Fehlerobjekte der Klasse `CError` als Exception geworfen. Die genaue Spezifikation der Klasse befindet sich im Anhang.

Der in diesem Buch beschriebene Host hat die zu erzeugenden Plugin-Objekte sowie die Aufrufreihenfolge der Objekte zur Kompilierzeit fest vorgegeben. Jedes Plugin verarbeitet bei dem Aufruf seiner `Run`-Methode die Daten in seinen Eingangs-Speicherblöcken und schreibt sie in die Ausgangs-Speicherblöcke. Ein verzögerungsfreier Betrieb des Hosts wird ermöglicht, indem die `Run`-Methoden der Plugins in der Reihenfolge des Signalflusses aufgerufen werden, so dass die Informationen der Eingangsblöcke in einem Durchgang durch die gesamte Struktur wandern.

Um als Erweiterung einen dynamischen Betrieb, evtl. mit einem Grafik-Interface, zu ermöglichen, muss die nicht triviale Verwaltung der Aufrufreihenfolge der Plugin-`Run`-Methoden selbstständig vom Host zur Laufzeit erfolgen. Hierzu muss der Host aus der Struktur der verbundenen Plugins ermitteln, in welche Richtung der Signalfluss geht. Bild 27 verdeutlicht das Problem an einem Beispiel.

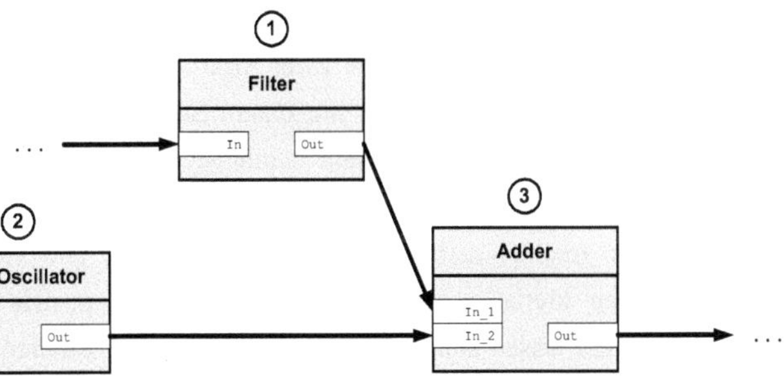

Bild 27: Aufrufreihenfolge einer Pluginstruktur

Die dargestellte Struktur aus drei Modulen wird in der in den Kreisen angegebenen Reihenfolge verarbeitet. Die schwarzen Pfeile geben die Richtung des Signalflusses an. Wird nun die Struktur, ohne dass eines der Plugins entfernt und neu geladen wird (und somit seine Instanz verschwindet und eine neue erstellt wird), verändert, so dass die Struktur in Bild 28 entsteht, so kann die Verarbeitung des Filters nicht mehr vor der Verarbeitung des Addierers geschehen, da sonst das Filter mit jeweils einer Blocklänge Verzögerung arbeiten würde.

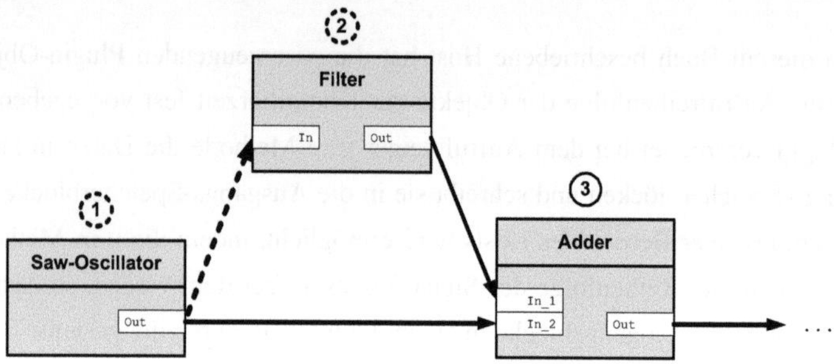

Bild 28: Leicht veränderte Pluginstruktur

Die Aufrufreihenfolge müsste vom Host also dynamisch angepasst werden, wie es in Bild 28 dargestellt ist (Veränderungen zu Bild 27 sind gestrichelt hervorgehoben).

7.3 Aufbau des Roomulator-Plugins

Das in diesem Buch vorgestellte Roomulator-LADSPA-Plugin simuliert einen Raum, in dem zwei Lautsprecher sowie zwei Mikrofone platziert werden. Es lässt sich also der Klang eines Raumes mit einem Stereo-Lautsprecherpaar für ein Ohrenpaar hörbar machen. Das Plugin beinhaltet somit vier Filter, die die vier auftretenden Signalstrecken mit ihren Raumimpulsantworten simuliert (links→links, links→rechts, rechts→links, rechts→rechts). Die vier internen Mono-Filter arbeiten hierbei nach dem Multi-Delay-Prinzip. Die benötigten Raumimpulsantworten lassen sich dem Modul entweder als Dateien übergeben oder aber intern berechnen. Alle den Raum beschreibenden Parameter sowie die Positionen der Lautsprecher und Mikrofone werden über Ports übergeben. Die interne Berechnung der Impulsantworten wird über einen Port, der als Schalter funktioniert, aktiviert (`m_pfCompute`). Als Kern des Plugins, der die Funktionalität kapselt, wurde die C++ Klasse `CRoomulatorLadspa` entwickelt, aus der die einzelnen Plugin-Instanzen konstruiert werden. Bild 29 zeigt die schematische Darstellung der `CRoomulatorLadspa`-Klasse mit allen Methoden und Ports, die von außen sichtbar sind.

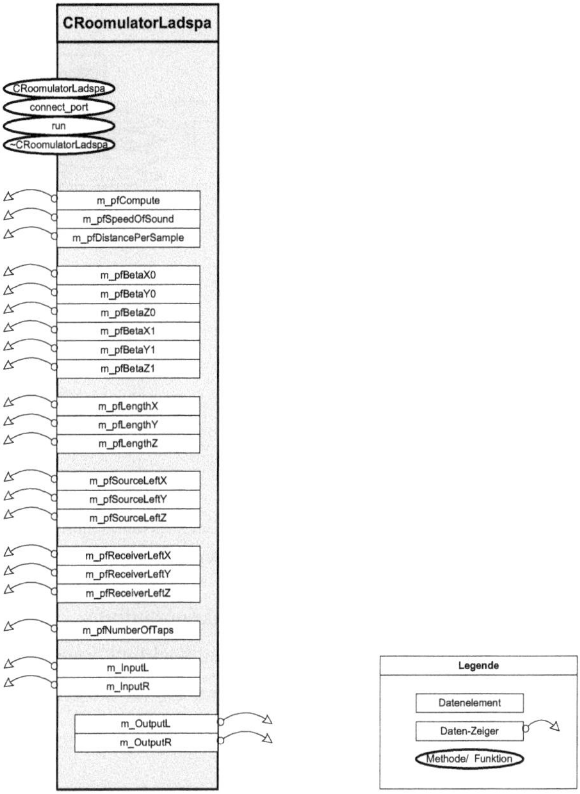

Bild 29: Schematische Darstellung der Klasse `CRoomulatorLadspa`

Aufgrund der Kapselung ist es mit relativ geringem Aufwand möglich, das Roomulator-Modul auf andere Plugin-Schnittstellen (wie zum Beispiel VST, vgl. [STE]) zu portieren.

Da das Plugin in C++, die LADSPA-Schnittstelle jedoch in C programmiert sind, ist eine Anpassung nötig. Diese Anpassung sieht so aus, dass die C-Callbackfunktionen, die in der `LADSPA_Descriptor`-Struktur eingehängt sind, nichts weiter machen, als die entsprechende Methoden des Plugin-Objekts aufzurufen und somit als Interface zu fungieren. Durch diese zusätzliche Indirektionsstufe müssen die Callbackfunktionen nicht als `friend`-Funktionen definiert werden, was die Klassenkapselung durchbräche.

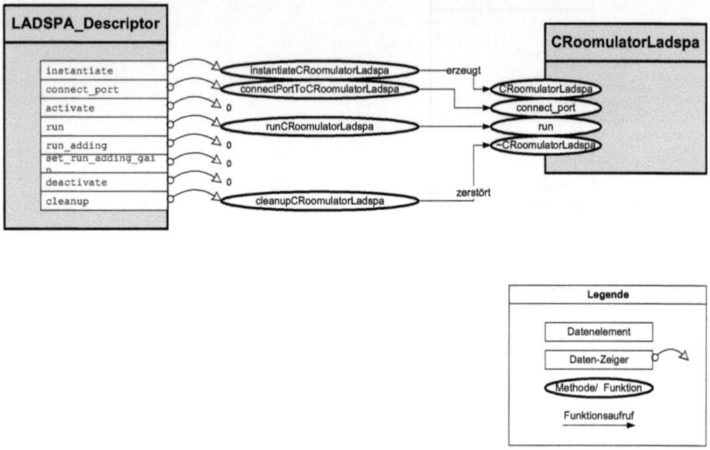

Bild 30: Kommunikation zwischen den Callbackfunktionen des Interfaces und den Methoden des Objektes

Bild 30 zeigt die Struktur der Funktionsaufrufe zwischen der `LADSPA_Descriptor`-Struktur bzw. den Callbackfunktionen sowie dem `CRoomulatorLadspa`-Objekt. Es sind jeweils nur die für diesen Vorgang wichtigen Variablen in den Strukturen angegeben.

Die internen Speicherobjekte werden bei der Erzeugung eines `CRoomulatorLadspa`-Objekts nur zum Teil im Konstruktor angelegt.

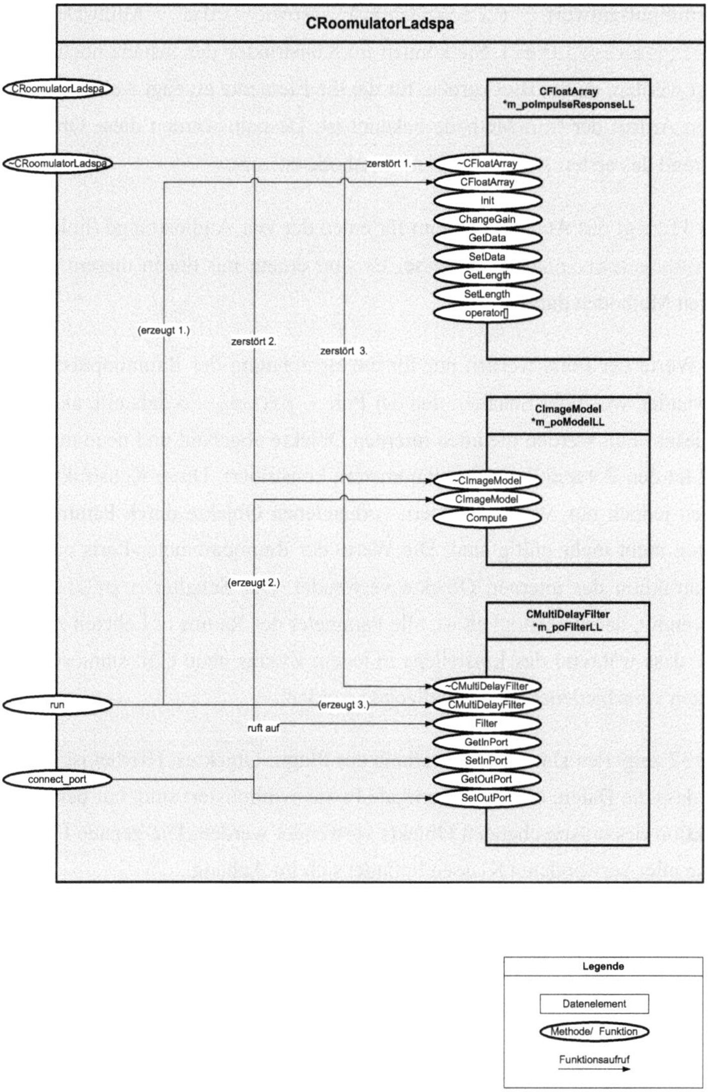

Bild 31: Interne Funktionsaufrufe der Klasse `CRoomulatorLadspa`

Die wichtigsten drei Objekte jedes der vier internen Signalstränge zur Berechnung der Auralisation sind das Spiegelquellenmodell (`CImageModel`), die

Raumimpulsantwort (`CFloatArray`) sowie das Multi-Delay-Filter (`CMultiDelayFilter`). Sie können im Konstruktor der Instanz noch nicht erzeugt werden, da die Blockgröße, für die die Elemente erzeugt werden, erst beim ersten Aufruf der `Run`-Methode bekannt ist. Deshalb werden diese Objekte erst während des ersten Aufrufs der `Run`-Methode erzeugt.

Bild 31 zeigt das Aufrufdiagramm für einen der vier Audiostränge (links→links) der `CRoomulatorLadspa`–Klasse. Es sind erneut nur die in diesem Fall relevanten Methoden dargestellt.

Die Werte der Ports werden nur für die Berechnung der Raumimpulsantworten verwendet, wenn der Schalter, den der Port `m_pfCompute` darstellt, aktiviert ist. In diesem Fall werden die alten internen Objekte abgebaut und neue mit den aktuell an den Ports anliegenden Parametern konstruiert. Diese Konstruktionen erfolgen jedoch nur, wenn die intern vorhandenen Objekte durch Parameteränderungen nicht mehr gültig sind. Die Werte der Raumparameter-Ports nur bei der Konstruktion der internen Objekte verwendet. Der Schalter `m_pfCompute` ist notwendig, damit es möglich ist, alle Parameter des Raums in Echtzeit zu ändern, ohne dass während des Einstellens in jedem Zyklus neue evtl. sinnlose Berechnungen verschiedener Räume vollzogen werden.

Bild 32 zeigt den Datenfluss innerhalb des Plugin-Objektes. Hierbei ist zu beachten, dass die Daten, die durch vertikale Pfeile symbolisiert sind, nur bei der Konstruktion des entsprechenden Objekts verwendet werden. Die genaue Funktionsweise aller verwendeten Klassen befindet sich im Anhang.

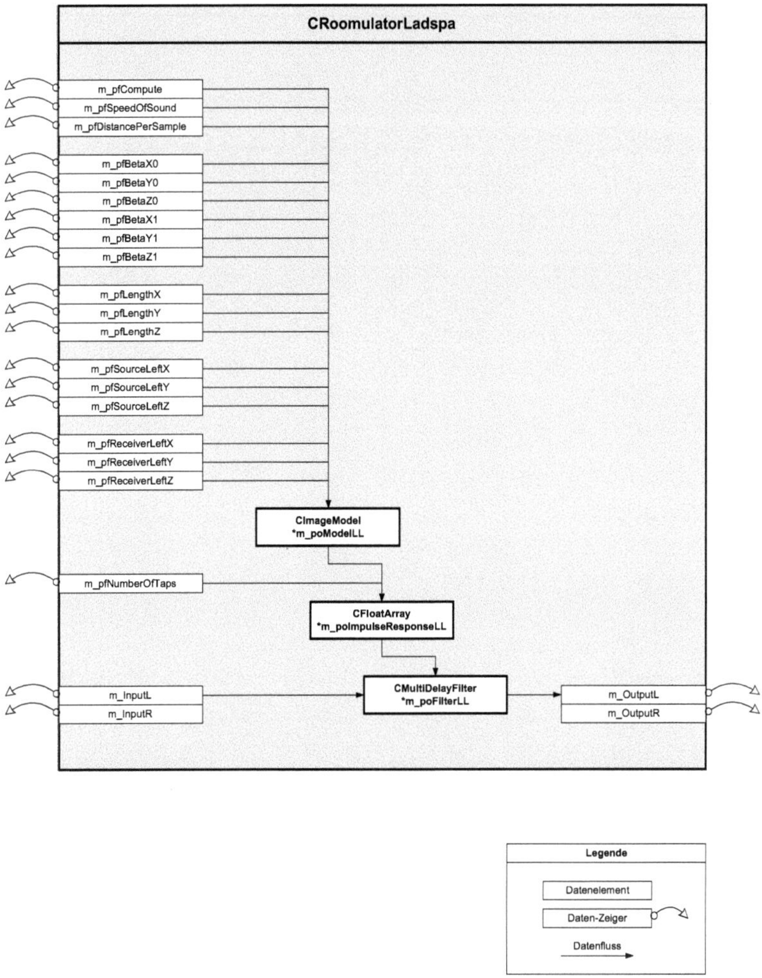

Bild 32: Interner Datenfluss der Klasse `CRoomulatorLadspa`

8. Auswertung

8.1 Aufbau der Simulation

Die im Folgenden genannten Beispiele verwenden den vorgestellten Host mit dem Roomulator-Plugin und erzeugen Impulsantworten mit Längen von $2^{14} = 16384$ Taps (0,37 s bei 44,1 kHz). Aktuelle PCs sind problemlos in der Lage mit dem vorgestellten System Impulsantworten mit Längen von bis zu $2^{20} = 1048576$ Taps (23,8 s bei 44,1 kHz) in Echtzeit zu verarbeiten. Da das Spiegelquellenmodell jedoch eine kubische Abhängigkeit zwischen der Länge der erzeugten Impulsantwort und dem Berechnungsaufwand aufweist, stößt die Erzeugung von derartig langen Impulsantworten an die Grenze der Durchführbarkeit. Diese Grenze wird in der Praxis jedoch nicht erreicht, da natürliche Impulsantworten in der Regel deutlich kürzer sind.

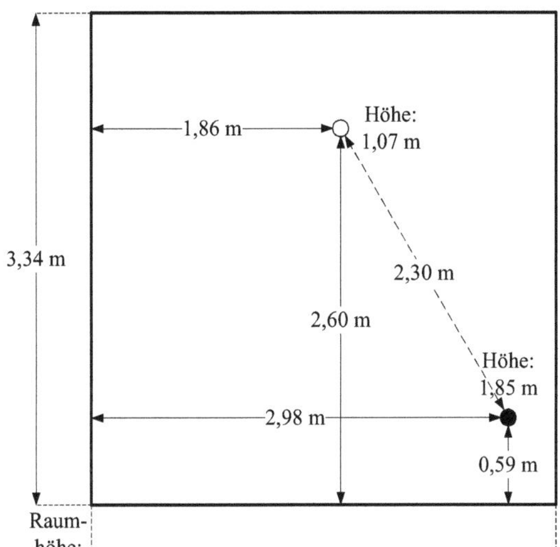

Bild 33: Geometrische Abmessungen des Raums
Lautsprecher: schwarz, Mikrofon: weiß

Im Folgenden wird beispielhaft aus zwei unterschiedlichen Räumen jeweils eine Signalstrecke berechnet. Die Räume unterscheiden sich nur in den Wandmaterialien, sonst sind alle Parameter, insbesondere die Raumgeometrie (Bild 33) gleich:

Schallgeschwindigkeit: 330 m/s

Abtastrate: 44100 Hz

8.2 Büroraum

Die erste Simulation (Bild 35 und Bild 36) verwendet realistische Reflexionskoeffizienten, wie sie in einem kleinen Büro oder Wohnraum zu erwarten sind. Dies beinhaltet Holzverkleidung für Boden und Decke sowie tapezierte Betonwände. Die verwendeten Reflexionskoeffizienten zeigt Bild 34. Obwohl in der Darstellung in Bild 35 nur das erste viertel der Impulsantwort interessant ist, ist die gleiche Skalierung wie in Bild 38 gewählt worden, um die beiden vergleichbar zu machen.

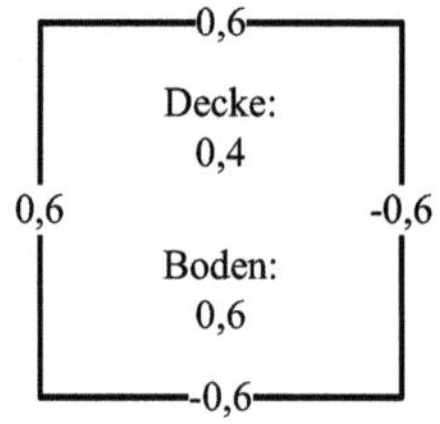

Bild 34: Reflexionskoeffizienten eines simulierten Büroraums

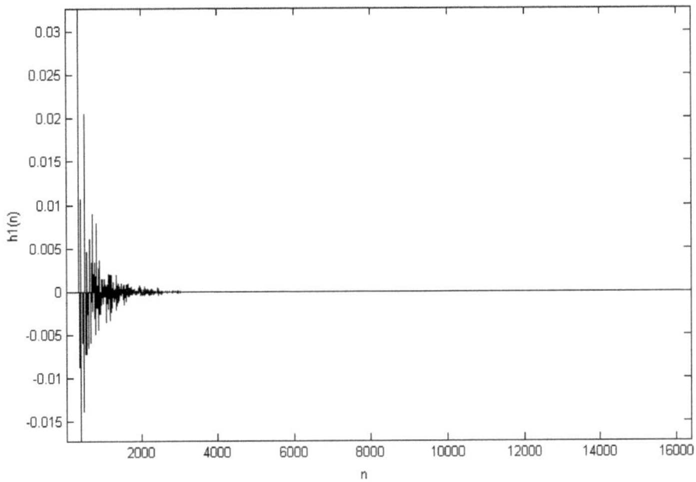

Bild 35: Impulsantwort eines simulierten Büroraums

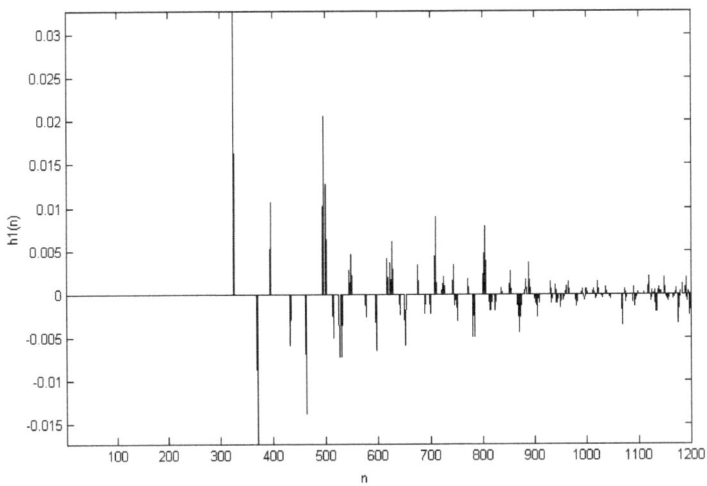

Bild 36: Impulsantwort eines simulierten Büroraums (vergrößert)

Es ist zu erkennen, dass der erste Impuls des Direktschalls mit einer Verzögerung von 307 Taps eintrifft, was einer Dauer von 6,97 ms entspricht. Die weiteren Impulse (Early Reflections) treffen relativ rasch nach dem Direktschall ein, da die Quelle sich in einer Ecke befindet. Des Weiteren ist zu erkennen, dass die Reflexionen nach ca. 1000 Taps eine diffuse Nachhallfahne bilden, die klanglich einem gefärbtem Rauschen entspricht.

8.3 Gekachelter Raum

Die zweite Simulation (Bild 38 und Bild 39) verwendet Koeffizienten, wie sie in der Natur kaum vorkommen. Die Beschaffenheit der Wände ist extrem hart, wie sie z.B. bei Granit oder Marmor auftritt. Des Weiteren sind alle Reflexionskoeffizienten positiv, d.h. der Schall erfährt an keiner Wand eine Phasendrehung. Dieses Beispiel wurde gewählt, um eine kritische Simulation zu erzeugen, in der die Hochpassfilterung der erzeugten Impulsantwort sinnvoll ist, um sie realistischer zu machen. Die verwendeten Reflexionskoeffizienten zeigt Bild 37.

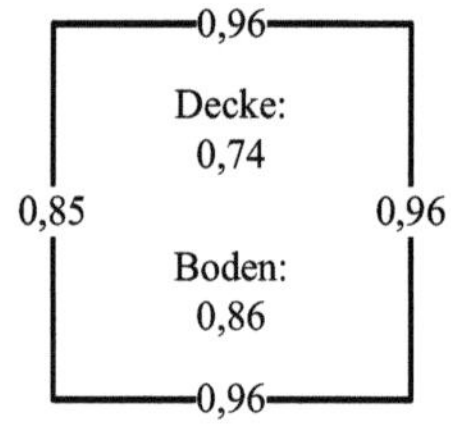

Bild 37: Reflexionskoeffizienten eines simulierten gekachelten Raums

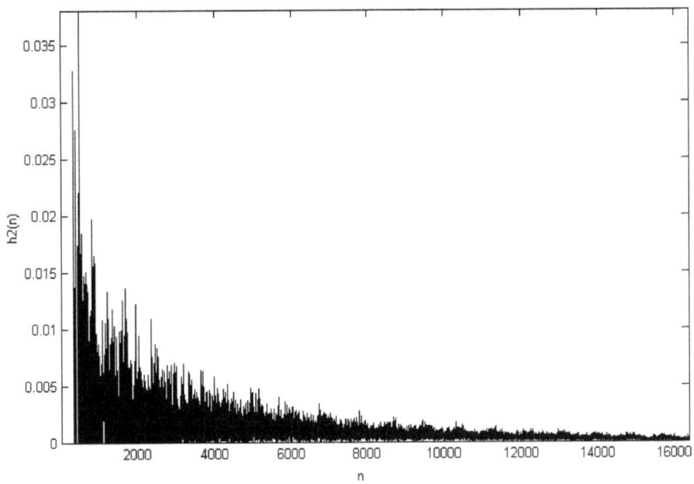

Bild 38: Impulsantwort eines simulierten gekachelten Raums

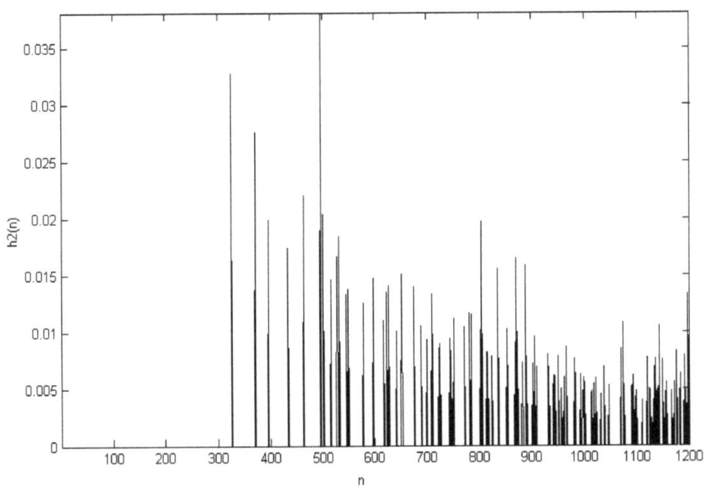

Bild 39: Impulsantwort eines simulierten gekachelten Raums (vergrößert)

Auch bei dieser Simulation trifft der erste Impuls des Direktschalls mit einer Verzögerung von 307 Taps ein. Auffällig ist, dass die nachfolgenden Impulse kaum schwächer sind und kaum ein Übergang in eine diffuse Nachhallfahne erkennbar ist. Die Impulsantwort hat quasi von Anfang an den Charakter eines gefärbten Rauschens. Aufgrund der nur positiven Impulse ergeben sich bei der Filterung mit einer derartigen Impulsantwort stark ausgeprägte Flatterechos.

Die Bilder 40 und 41 zeigen die Impulsantwort nach der Filterung mit einem Hochpass erster Ordnung mit der Knickfrequenz 2000 Hz. Wird diese gefilterte Impulsantwort verwendet, treten die Flatterechos stärker in dem Hintergrund und der Klangeindruck ist insgesamt natürlicher.

Die Ergebnisse der stereophonen Auralisation verschiedener Räume mittels Kopfhörer haben in mehreren Versuchen ergeben, dass ein realistischer Halleindruck entsteht, obwohl sich die Schallquellen im Raum kaum orten lassen. Das größte Problem besteht darin, dass nicht unterschieden werden kann, ob sich die Quelle vor oder hinter dem Hörer befindet. Eine Verbesserung kann hier erzielt werden, indem zusätzlich eine kopfbezogene Übertragungsfunktion aus Experimenten mit Kunstköpfen, in den Signalweg eingeflochten wird. Für rein musikalische Anwendungen ist eine genaue Ortung der Quellen jedoch nicht erforderlich.

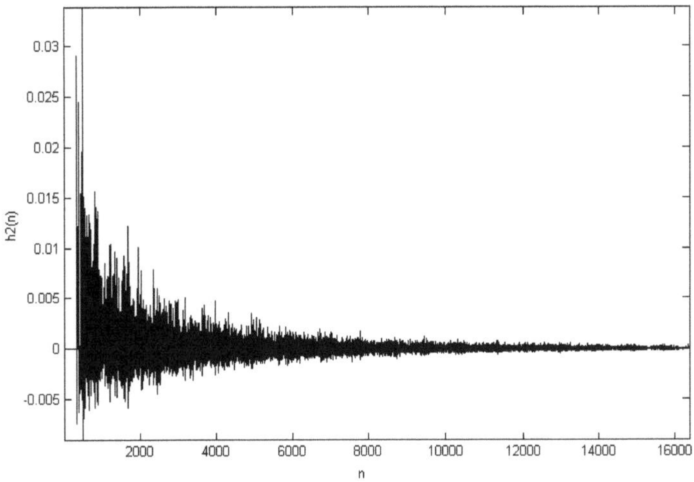

Bild 40: Hochpassgefilterte Impulsantwort eines simulierten gekachelten Raums

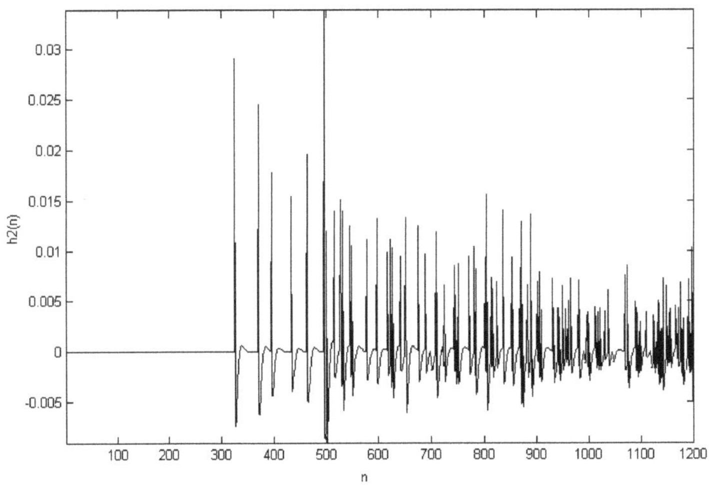

Bild 41: Hochpassgefilterte Impulsantwort eines simulierten gekachelten Raums (vergrößert)

9. Literaturverzeichnis

[ALL] ALLEN, Jont B.; BERKLEY, David A.: *Image method for efficiently simulating small-room acoustics.* In: *Journal of the Acoustical Society of America*, 1979, Nr.:65, S. 943-950

[BEN] BENESTY, J.; GÄNSLER, T.; MORGAN, D.R.; SONDHI, M.M.; GAY, S.L.: *Advances in network and acoustic echo cancellation.* 1. Aufl. Berlin : Springer, 2001

[BOR] BORUCKI, Hans: *Einführung in die Akustik.* 3. erw. Aufl. Zürich : BI-Wiss.-Verl., 1989

[BRO] BRONSTEIN, I. N.; SEMENDJAJEW, K. A.; GROSCHE (Hrsg.) G.: *Taschenbuch der Mathematik.* 18. Aufl. Stuttgart : Teubner, 1999

[CRE] CREMER, Lothar; HUBERT, M.: *Vorlesungen über technische Akustik.* 4. überarb. Aufl. Berlin : Springer, 1990

[CRM] CREMER, Lothar; MÜLLER, Helmut A.: *Die wissenschaftlichen Grundlagen der Raumakustik.* Band I&II. 2. Aufl. Stuttgart : Hirzel, 1978

[EIS] EISENBERG, Gunnar: *Virtuelle Akustik – Künstliche Raumimpulsantworten, Effiziente Faltung – Softwarepaket.*
URL http://www.gunnar-eisenberg.de/virtuelle-akustik

[FEL] FELLBAUM, Klaus: *Sprachverarbeitung und Sprachübertragung.* 2.Aufl. Berlin : Springer, 1984

[FFT] FFTW: *Fastest Fourier Transform in the West.*
URL http://www.fftw.org/

[FLE] FLETCHER, Neville H.; ROSSING, Thomas D.: *The physics of musical instruments.* 1. Aufl. New York : Springer, 1991

[GAR] GARCIA, Guillermo: *Optimal Filter Partition for Efficient Convolution with Short Input/Output Delay.* In: *Proceedings of the 113th AES Convention*, 2002

[GAW] GARDNER, William G.: *Efficient Convolution without Input-Output Delay.* In: *Journal of the Audio Engineering Society Audio*, 1995, Nr.: 43(3), S. 127-136

[HEC] HECKL M.; MÜLLER, H.A. (Hrsg.) *Taschenbuch der technischen Akustik.* 2. Aufl. Berlin : Springer, 1994

[KAM] KAMMEYER, Karl-Dirk; KROSCHEL, Kristian: *Digitale Signalverarbeitung: Filterung und Spektralanalyse - mit MATLAB- Übungen.* 7. Erw. und korr. Aufl. Stuttgart : Teubner, 2009

[LAD] LADSPA: *Linux Audio Developer's Simple Plugin API.* URL http://www.ladspa.org/

[LEH] LEHNER, Günther: *Elektromagnetische Feldtheorie für Ingenieure und Physiker.* 5. Aufl. Berlin : Springer, 2006

[OHM] OHM, Jens-Rainer; LÜKE, Hans Dieter: *Signalübertragung: Grundlagen der digitalen und analogen Nachrichtenübertragungssysteme.* 11. neu bearb. und erw. Aufl. Berlin : Springer, 2010

[MCM] JEZABEL: *A collection of LADSPA plugins:* URL http://jezabel.sourceforge.net/ladspa.h

[MEE] MEESAWAT, Kittiphong; HAMMERSHØI, Dorte: *An Investigation on the Transition from Early Reflections to a Reverberation Tail in a BRIR.* In: *Proceedings of the 2002 International Conference on Auditory Display (ICAD)*, 2002

[MEN] MENZER, Fritz; FALLER, Christof: *Investigations on an Early-Reflection-Free Model for BRIRs.* In: *Journal of the Acoustical Society of America*, 2010, Nr.: 58, S. 709-723

[NOL] NOLL, Peter: *Signale und Systeme.* Berlin : Technische Universität, Fakultät IV, Institut für Telekommunikationssysteme, Fachgebiet Nachrichtenübertragung, Vorlesungsskript, 2006

[OPP] OPPENHEIM, Alan V.; SCHAFER, Ronald W.: *Zeitdiskrete Signalverarbeitung.* 2. überarb. Aufl. München : München, 2004

[STE] STEINBERG DEUTSCHLAND:
URL http://www.steinberg.net/de/de/ps/support/3rdparty/vst_sdk

[VEI] VEIT, Ivar: *Technische Akustik: Grundlagen der physikalischen, physiologischen und Elektroakustik.* 6. erw. Aufl. Würzburg : Vogel, 2005

10. Anhang

A Funktionsbeschreibung der LADSPA-Bibliothek

Die von Ken McMillan um die `ladspa_configure`-Funktion erweiterte LADSPA (vgl. [MCM]) definiert die folgenden Funktionen, Datentypen und Konstanten.

`typedef float LADSPA_Data`

Dies ist der einzige Datentyp, der über die Schnittstelle bearbeitet wird. Diese Einschränkung auf der Entwicklungsseite erhöht die Kompatibilität auf der Anwenderseite. Sollen Ports trotzdem einen diskreten Wertebereich abdecken, so lässt sich dies über die Attribute des entsprechenden Ports vom Host fordern. Technisch gesehen, bleiben die Werte jedoch `float`-Zahlen.

`typedef int LADSPA_Properties`

Hierbei handelt es sich um eine Bit-Flag-Variable, in der C-typisch durch bitweise Oder-Operationen Bit-Flaggen gesetzt werden können, die das Verhalten des Plugins spezifizieren. Als Werte der Flaggen werden folgende Konstanten definiert:

`#define LADSPA_PROPERTY_REALTIME 0x1`

Diese Flagge zeigt an, dass das Plugin im Echtzeitbetrieb arbeitet und seine Ein- bzw. Ausgangspuffer nicht verzögert oder gepuffert werden dürfen.

`#define LADSPA_PROPERTY_INPLACE_BROKEN 0x2`

Über diese Flagge wird signalisiert, dass das Plugin keine Inplace-Verarbeitung eines Ein-/ Ausgangsblocks beherrscht. Dem Host wird somit signalisiert, dass er für den Eingang und den Ausgang des Plugins nicht den gleichen Puffer verwenden darf.

#define LADSPA_PROPERTY_HARD_RT_CAPABLE 0x4

Diese Flagge zeigt an, dass das Plugin im Echtzeitbetrieb besonders kritische Anforderungen erfüllt. Es werden die folgenden vier Regeln befolgt, die sich auf den Betrieb, also die Verarbeitung der `run-` bzw. `run_adding`-Funktion beziehen:

1) Es werden keine Heap-Speicher-Reservierungen oder Freigaben (`malloc`, `free`, `new`, `delete` etc.) durchgeführt.

2) Es werden nur Funktionen aus der ANSI-Bibliothek bzw. math-Bibliothek benutzt.

3) Es werden keine Mechanismen benutzt, die Thread- oder Prozess-Blockierungen hervorrufen könnten (`files`, `pipes`, `sockets`, `IPC`).

4) Die Dauer der Verarbeitung eines Blocks muss eine lineare Funktion der Blocklänge sein.

#define LADSPA_IS_REALTIME(x)
#define LADSPA_IS_INPLACE_BROKEN(x)
#defineLADSPA_IS_HARD_RT_CAPABLE(x)

Diese Makros erleichtern das Abfragen der Einzelnen Bit-Flags in den Variablen.

typedef int LADSPA_PortDescriptor

Hierbei handelt es sich um eine Bit-Flag-Variable mit der das allgemeine Verhalten jedes Ports eines Plugins genauer beschrieben werden kann. Als Werte der Flaggen werden die folgenden Konstanten definiert:

#define LADSPA_PORT_INPUT 0x1

Diese Flagge gibt an, dass der entsprechende Port einen Eingang darstellt.

#define LADSPA_PORT_OUTPUT 0x2

Diese Flagge gibt an, dass der entsprechende Port einen Ausgang darstellt.

#define LADSPA_PORT_CONTROL 0x4

Diese Flagge gibt an, dass der entsprechende Port Steuerdaten verarbeitet. Der Host muss für den dazugehörigen Portzeiger eine `LADSPA_data`-Variable bereitstellen.

#define LADSPA_PORT_AUDIO 0x8

Diese Flagge gibt an, dass der entsprechende Port Audiodaten verarbeitet. Der Host muss für den dazugehörigen Portzeiger ein `LADSPA_data`-Feld bereitstellen.

#define LADSPA_IS_PORT_INPUT(x)
#define LADSPA_IS_PORT_OUTPUT(x)
#define LADSPA_IS_PORT_CONTROL(x)
#define LADSPA_IS_PORT_AUDIO(x)

Diese Makros erleichtern das Abfragen der einzelnen Bit-Flags in den Variablen.

typedef struct LADSPA_PortRangeHint

Hierbei handelt es sich um eine Struktur, mit der Angaben über den Wertebereich jedes Ports eines Plugins gemacht werden können. Diese Angaben sind für den Host evtl. wichtig, wenn er die Parameter eines Plugins graphisch darstellen möchte. Die Angaben in dieser Variablen müssen vom Host jedoch nicht interpretiert werden. Ein Plugin muss grundsätzlich mit jedem `float`-Wert arbeiten können.

typedef int LADSPA_PortRangeHintDescriptor

Hierbei handelt es sich um eine Bit-Flag-Variable, in der Attribute des Wertebereichs gespeichert werden können. Als Werte der Flaggen werden die folgenden Konstanten definiert:

#define LADSPA_HINT_BOUNDED_BELOW 0x1

Diese Flagge zeigt an, dass der sinnvolle Wertebereich des entsprechenden Ports nach unten begrenzt ist. Die eingeschlossene Grenze des Wertebereichs wird in der `LADSPA_PortRangeHint`-Struktur angegeben. Ist zusätzlich die Flagge `LADSPA_HINT_SAMPLE_RATE` gesetzt, sollte der Wert der oberen Grenze mit der Abtastrate multipliziert werden (wichtig z.B. für Frequenzparameter).

#define LADSPA_HINT_BOUNDED_ABOVE 0x2

Diese Flagge zeigt an, dass der sinnvolle Wertebereich des entsprechenden Ports nach oben begrenzt ist. Die eingeschlossene Grenze des Wertebereichs wird in der `LADSPA_PortRangeHint`-Struktur angegeben. Ist zusätzlich die Flagge `LADSPA_HINT_SAMPLE_RATE` gesetzt, sollte der Wert der unteren Grenze mit der Abtastrate multipliziert werden (wichtig z.B. für Frequenzparameter).

#define LADSPA_HINT_TOGGLED 0x4

Diese Flagge zeigt an, dass der Port als ein Boolscher-Schalter arbeitet. Werte kleiner oder gleich Null gelten als „aus“ oder „falsch“, Werte größer als Null gelten als „an“ oder „wahr“. Diese Flagge darf nicht in Verbindung mit einer anderen Flagge gesetzt werden.

#define LADSPA_HINT_SAMPLE_RATE 0x8

Über diese Flagge wird angezeigt, dass bei einer Darstellung der Wertebereich des Parameters mit der Abtastfrequenz multipliziert werden soll.

#define LADSPA_HINT_LOGARITHMIC 0x10

Diese Flagge zeigt an, dass die Darstellung des Wertebereichs mit einer logarithmischen Skalierung erfolgen soll. Diese Flagge wird gesetzt, wenn der Parameter einer Frequenz oder Lautstärke zugeordnet ist.

#define LADSPA_HINT_INTEGER 0x20

Mit dieser Flagge wird angezeigt, dass der Wertebereich des Ports diskret ist, d.h. dass nur ganze Werte sinnvoll sind.

```
#define LADSPA_IS_HINT_BOUNDED_BELOW(x)
#define LADSPA_IS_HINT_BOUNDED_ABOVE(x)
#define LADSPA_IS_HINT_TOGGLED(x)
#define LADSPA_IS_HINT_SAMPLE_RATE(x)
#define LADSPA_IS_HINT_LOGARITHMIC(x)
#define LADSPA_IS_HINT_INTEGER(x)
```

Diese Makros erleichtern das Abfragen der einzelnen Bit-Flags in den Variablen.

Als weitere Einträge der `LADSPA_PortRangeHint`-Struktur sind die folgenden beiden Bereichsgrenzen enthalten:

LADSPA_Data LowerBound

Diese Variable beschreibt die untere Grenze des Wertebereichs, wird aber nur interpretiert, wenn die Flagge `LADSPA_HINT_BOUNDED_BELOW` in der Variable `LADSPA_PortRangeHintDescriptor` gesetzt ist. Ist zusätzlich die Flagge `LADSPA_HINT_SAMPLE_RATE` gesetzt, sollte die (graphische) Repräsentation dieses Parameters mit der Abtastrate multipliziert werden.

LADSPA_Data UpperBound

Diese Variable beschreibt die obere Grenze des Wertebereichs, wird aber nur interpretiert, wenn die Flagge `LADSPA_HINT_BOUNDED_ABOVE` in der Variable `LADSPA_PortRangeHintDescriptor` gesetzt ist. Ist zusätzlich die Flagge

LADSPA_HINT_SAMPLE_RATE gesetzt, sollte die (graphische) Repräsentation dieses Parameters mit der Abtastrate multipliziert werden.

typedef void * LADSPA_Handle

Dieser Datentyp wird benötigt um die Adresse einer Plugin-Instanz zu speichern. Der Host sollte die Daten, auf die dieser Handle verweist, niemals selbstständig interpretieren.

typedef struct LADSPA_Descriptor

Diese Struktur beinhaltet den Bauplan einzelner Plugin-Instanzen, Plugin-Attributsvariablen, sowie Zeiger auf die Callback-Funktionen, in denen die Funktionalität enthalten ist. Die Struktur besteht aus den folgenden Einträgen:

unsigned long UniqueID

Diese Nummer wird jedem Plugin-Typ eindeutig zugeordnet. Die Nummern müssen kleiner als 0x1000000 sein. Die Verteilung der Nummern wird von den LADSPA-Entwicklern [LAD] vorgenommen.

const char * Label

Dieser nullterminierte String ordnet dem Plugin-Typ einen eindeutigen kurzen Namen zu, über den der Host auf das Plugin zugreifen kann. Es handelt sich hierbei jedoch nicht um den offiziellen Namen, der auch dem Benutzer präsentiert wird. Das Label darf keine White-Spaces enthalten.

LADSPA_Properties Properties

Hierbei handelt es sich um eine Bit-Flag-Variable die unter anderem das Echtzeitverhalten des Plugins spezifizieren. Für die genaue Beschreibung der Flaggen vgl. auch [LAD].

`const char * Name`

Dieser nullterminierte String ordnet dem Plugin-Typ einen Namen zu, der auch dem Benutzer präsentiert wird. Dieser Name wird maschinenintern nicht weiter verarbeitet/verglichen.

`const char * Maker`

Dieser nullterminierte String enthält den Namen des oder der Entwickler des Plugin-Typs. Wird dieser String nicht verwendet, kann er leer sein. Es darf jedoch kein Nullzeiger sein.

`const char * Copyright`

Dieser nullterminierte String weist auf eventuelle Urheberrechte hin, die auf das Plugin erhoben werden. Handelt es sich um ein Freeware-Plugin, sollte der String `"None"` enthalten.

`unsigned long PortCount`

Dieser Wert gibt an, über wie viele Ports die Instanzen des Plugin-Typs mit dem Host kommunizieren. Hierbei werden alle Ports, egal welcher Art, zusammengezählt.

`const LADSPA_PortDescriptor * PortDescriptors`

Dieser Zeiger zeigt auf ein Feld, das die Länge `PortCount` hat, in dem die Art jedes Ports genauer spezifiziert ist. Jeder Eintrag (`LADSPA_PortDescriptor`) besteht aus einer Bit-Flag-Variablen, deren Flaggen angeben, ob es sich bei dem entsprechenden Port um einen Eingang oder Ausgang handelt und ob über ihn Audio- oder Kontrolldaten bearbeitet werden. Für die genaue Beschreibung der Flaggen vgl. [LAD].

const char * const * PortNames

Dieser Zeiger zeigt auf ein Feld der Länge `PortCount`, in dem jeder Eintrag ein String ist, der den Namen des jeweiligen Ports enthält.

const LADSPA_PortRangeHint * PortRangeHints

Dieser Zeiger zeigt auf ein Feld der Länge `PortCount`, in dem der Wertebereich jedes Ports angegeben ist. Jeder Eintrag (`LADSPA_PortRangeHint`) besteht aus einer Struktur mit drei Einträgen. Bei dem Eintrag `HintDescriptor` handelt es sich um eine Bit-Flag-Variable, deren Flaggen unter anderem angeben, ob der Wertebereich des Ports begrenzt ist. Die Einträge `LowerBound` und `UpperBound` geben in diesem Fall die Grenzen des Wertebereichs an.

void * ImplementationData

Dieser Zeiger zeigt auf einen Speicherbereich, der pluginspezifische Daten enthält. Der Zeiger sollte in den meisten Fällen ein Nullzeiger sein, ist jedoch zu spezifizieren, falls vom Plugin spezielle proprietäre Daten verwendet werden.

```
LADSPA_Handle (*instantiate)
              (const struct _LADSPA_Descriptor *Descriptor,
               unsigned long SampleRate);
```

Dieser Zeiger zeigt auf die Callback-Funktion über die die Erzeugung einzelner Plugin-Instanzen erfolgt. Als Parameter werden die die Funktion aufrufende Struktur (`*Descriptor`) sowie die Abtastrate (`SampleRate`) übergeben. Die Übergabe des `LADSPA_Descriptors` ist erforderlich, da er alle nötigen Informationen über die Erstellung der Plugin-Instanz enthält. Die Abtastrate `SampleRate` wird von der Instanz benötigt, um, falls erforderlich, interne (De-)Normierungen vorzunehmen. Sollte keine Instanz erzeugt werden können, gibt `instantiate` einen Nullzeiger zurück. `instantiate` erledigt nur die Erzeugung einer Instanz, Initialisierungen werden von der Funktion `activate` übernommen.

```
void (*connect_port)(LADSPA_Handle Instance,
                     unsigned long Port,
                     LADSPA_Data * DataLocation)
```

Dieser Zeiger zeigt auf die Callback-Funktion, mit der die Zeiger der Ports einer Plugin-Instanz mit Datenblöcken vom Typ `LADSPA_Data` verbunden werden können. Der Funktion wird ein Zeiger auf die zu bearbeitende Instanz `Instance` übergeben sowie die Nummer des zu verbindenden Ports `Port` und der Datenpuffer `DataLocation`, mit dem der Port verbunden werden soll.

```
void (*activate)(LADSPA_Handle Instance)
```

Dieser Zeiger zeigt auf die Callback-Funktion, mit der eine Plugin-Instanz initialisiert werden kann. Die übergebene Instanz `Instance` wird in ihren ursprünglichen Zustand versetzt. Die Initialisierungen befinden sich in dieser separaten Funktion, damit Instanzen auch während des laufenden Betriebs zurückgesetzt werden können, ohne ab- und wieder aufgebaut zu werden. Wird diese Funktion nicht benötigt, sollte der Zeiger als Nullzeiger angelegt werden.

```
void (*run)(LADSPA_Handle Instance,
            unsigned long SampleCount)
```

Dieser Zeiger zeigt auf die Callback-Funktion, mit der die Audioblöcke der Länge `SampleCount` einer Plugin-Instanz (`Instance`) verarbeitet werden. Falls die Funktion activate existiert, muss diese vor dem ersten Aufruf der `run`-Funktion aufgerufen werden.

```
void (*run_adding)(LADSPA_Handle Instance,
                   unsigned long SampleCount)
```

Dieser Zeiger zeigt auf die Callback-Funktion, mit der die Audioblöcke einer Plugin-Instanz (`Instance`) verarbeitet werden. Diese Funktion ist identisch mit der Callback-Funktion `run_adding`, bis auf den Unterschied, dass die Funktion `run` die Werte in den Ausgangsblöcken ersetzt, `run_adding` die Werte in den Ausgangsblöcken jedoch kumuliert. Vor der Kumulation in die Ausgangsblöcke muss `run_adding` die Werte mit einem Gain-Wert multiplizieren, der in jeder

Instanz gespeichert sein muss. Wird diese Funktion nicht benötigt, sollte der Zeiger als Nullzeiger angelegt werden.

`void (*set_run_adding_gain)(LADSPA_Handle Instance, LADSPA_Data Gain)`

Dieser Zeiger zeigt auf die Callback-Funktion, mit der der Gain-Wert einer Plugin-Instanz (`Instance`) gesetzt werden kann. Dieser Wert ist wichtig für die Verarbeitung der `run_adding`-Funktion (siehe oben). Diese Funktion sollte nur vorhanden sein, wenn die Funktion `run_adding` vorhanden ist. Ist dies nicht der Fall, sollte der Zeiger als Nullzeiger angelegt werden.

`void (*deactivate)(LADSPA_Handle Instance)`

Dieser Zeiger zeigt auf die Callback-Funktion, die das Gegenstück der `activate`-Funktion darstellt. Diese Funktion wird aufgerufen, bevor die Plugin-Instanz gelöscht wird. Sollte die Plugin-Instanz nach einem Aufruf von `deactivate` doch wieder benötigt werden, muss vor dem ersten Aufruf der `run`- oder `run_adding`-Funktion die `activate`-Funktion mit allen Konsequenzen aufgerufen werden. Ist die Funktion nicht vorhanden, sollte der Zeiger als Nullzeiger angelegt werden.

`void (*cleanup)(LADSPA_Handle Instance)`

Dieser Zeiger zeigt auf die Callback-Funktion, mit der eine Plugin-Instanz (`Instance`) aus dem Speicher gelöscht werden kann. Vor dem Aufruf dieser Funktion sollte die Funktion `deactivate` aufgerufen worden sein. Nach dem Aufruf von `cleanup` ist der übergebene Handle `Instance` ungültig.

`const LADSPA_Descriptor * ladspa_descriptor(unsigned long Index)`

Die Funktion `ladspa_descriptor` übernimmt als Parameter einen Index, der, wenn die Datei mehrere Typen Plugins enthält, angibt, welcher Typ von Plugin geöffnet werden soll. Ist nur ein Typ Plugin enthalten, wird der Index 0 übergeben. Bei ungültigen Indices liefert die Funktion einen Null-Zeiger zurück.

`typedef const LADSPA_Descriptor *`
`(*LADSPA_Descriptor_Function)(unsigned long Index)`

Dieser Datentyp erleichtert die Implementierung der `ladspa_descriptor`-Funktion in den Plugins.

`const LADSPA_Descriptor *`
`ladspa_config(const char *config)`

Die Funktion `ladspa_config` übernimmt als Parameter einen nullterminierten String, der funktionsintern ausgewertet wird und spezielle Initialisierungen der zurückgegebenen `LADSPA_Descriptor`-Struktur durchführt. Das Format des Strings ist generisch und somit abhängig vom verwendeten Plugin. Es muss also im zum Plugin gehörenden Hilfetext erklärt werden.

`typedef const LADSPA_Descriptor *`
`(*LADSPA_Config_Function)(const char *config)`

Dieser Datentyp erleichtert die Implementierung der `ladspa_descriptor`-Funktion in den Plugins.

B Funktionsbeschreibungen des LADSPA-Hosts

Im Folgenden werden erst die Module der Klassenbibliotheken beschrieben und dann der eigentliche Host.

ladspa_plugin_host

```
CladspaPlugin (const char *szLibrary,
               const char *szPluginLabel,
               unsigned long ulInitRate=44100,
               unsigned long ulBlockLength=1024);
```

Dieser Konstruktor erzeugt ein Pluginobjekt aus der im absoluten Pfad `szLibrary` angegebenen Plugin- Bibliothek, klassifiziert durch `szPluginLabel`. Dem Pluginobjekt wird `ulInitRate` als interne Samplerate übergeben. `ulBlockLength` gibt die Größe der im Plugin zu verarbeitenden Blöcke an.

Tritt bei der Erzeugung ein Fehler auf, wird ein `CError`-Objekt (deklariert in `cpp_errors.h`) als Exception geworfen.

```
CLadspaPlugin (const char *szLibrary,
               const char *szPluginLabel,
               const char *szInitString,
               unsigned long ulInitRate=44100,
               unsigned long ulBlockLength=1024);
```

Dieser Konstruktor nimmt als zusätzlichen Parameter einen nullterminierten String auf, um Pluginobjekte nach der erweiterten LADSPA-Spezifikation (vgl. [MCM]) zu erzeugen.

```
~CLadspaPlugin();
```

Zerstört ein Pluginobjekt.

unsigned long GetUniqueID(void);

Liefert die in der Pluginbibliothek gesetzte LADSPA-ID.

const char *GetLabel(void);

Liefert das in der Pluginbibliothek gesetzte LADSPA-Label.

const char *GetName(void);

Liefert den in der Pluginbibliothek gesetzten LADSPA-Namen.

const char *GetMaker(void);

Liefert den in der Pluginbibliothek gesetzten Herstellernamen.

const char *GetCopyright(void);

Liefert das in der Pluginbibliothek gesetzte Copyright.

bool IsActive(void);

Prüft, ob das Objekt bereits über die Methode `Activate` aktiviert wurde.

unsigned long GetPortCount(void);

Liefert die Anzahl der Ports des Objekts.

const char *GetPortName(unsigned long ulIndex);

Liefert den Namen des Ports mit dem Index `ulIndex`. Wird die Methode mit einem ungültigen Index aufgerufen, wird ein `CError`-Objekt (deklariert in `cpp_errors.h`) als Exception geworfen.

LADSPA_PortDescriptor
GetPortDescriptor(unsigned long ulIndex);

Liefert einen LADSPA_PortDescriptor (deklariert in `ladspaext.h`), der den Port mit dem Index `ulIndex` beschreibt. Wird die Methode mit einem ungültigen Index aufgerufen, wird ein `CError`-Objekt (deklariert in `cpp_errors.h`) als Exception geworfen.

LADSPA_PortRangeHint
GetPortRangeHint(unsigned long ulIndex);

Liefert einen `LADSPA_PortRangeHint` (deklariert in `ladspaext.h`), der den sinnvollen Wertebereich des Ports mit dem Index `ulIndex` beschreibt. Wird die Methode mit einem ungültigen Index aufgerufen, wird ein `CError`-Objekt (deklariert in `cpp_errors.h`) als Exception geworfen.

LADSPA_Data *GetBuffer(unsigned long ulIndex);

Liefert den vom Objekt benutzten Datenpuffer, um dieses Feld auslesen zu können. Über diese Methode werden die Ausgangspuffer ermittelt, die bei dem Aufruf der Methode `Connect` benötigt werden.

```
void Connect(unsigned long ulIndexIn,
             LADSPA_Data *pvBufferOut);
```

Bindet einen über die Methode `GetBuffer` ermittelten Ausgang eines Plugins an den Eingang mit dem Index `ulIndexIn` des aufrufenden Objekts.

Achtung: Die Methode `Connect` darf nur auf *Eingänge* des aufrufenden Objekts angewendet werden!

void Disconnect(unsigned long ulIndex);

Trennt den Eingang mit dem Index `ulIndexIn` des aufrufenden Objekts.

void Activate(void);

Aktiviert das Objekt.

void Deactivate(void);

Deaktiviert das Objekt.

void Run(void);

Berechnet einen Datenblock.

cpp_errors

CError(const char *szInitText);

Dieser Konstruktor erzeugt ein Objekt zur Signalisierung eines Fehlers, das die in dem String `szInitText` angegebene Fehlermeldung übernimmt und speichert.

~CError();

Zerstört ein Fehlerobjekt.

char *GetText() const;

Liefert den String des gespeicherten Fehlertextes.

host_main

Der Host erzeugt sich die benötigten Plugins über die entsprechenden Konstruktoraufrufe mit anschließender Aktivierung. Nach der Ausgabe der Plugindaten werden sie über die Methode `Connect` miteinander bzw. mit Initialisierungswerten verbunden. Die Datenverarbeitung erfolgt durch die Aufrufe der `Run`-Methode. Hierbei ist es wichtig, dass die `Run`-Methoden der Pluginobjekte in der Reihenfolge aufgerufen werden, in der der Signalfluss stattfindet, damit die Pluginobjekte jeweils mit aktuellen Datenblöcken rechnen. Nach erfolgter Signalverarbeitung werden die Plugins über die Methode `Deactivate` deaktiviert.

C Funktionsbeschreibungen des Roomulator-Moduls

roomulator_ladspa_defines

Diese Datei enthält Präprozessordefinitionen für die Anzahl und Nummern der Ports. Es ist sinnvoll, diese Datei auch in Hosts einzubinden, die das Roomulator-Plugin verwenden, da so auf die Ports über symbolische Konstanten zugegriffen werden kann.

roomulator_ladspa_start

In dieser Datei befinden sich alle Initialisierungen, die vorgenommen werden müssen, nachdem die Bibliothek vom Host geöffnet wurde. Das globale Objekt `g_oStartupShutdownHandler` der Klasse `StartupShutdownHandler` erledigt diese in seinem Konstruktor. Die wichtigste Initialisierung ist die Erstellung der `LADSPA_Descriptor`-Struktur `g_psDescriptor`. Speicher, der für diese Struktur belegt wird, wird im Destruktor des `g_oStartupShutdownHandler`-Objekts freigegeben.

Des Weiteren enthält diese Datei die für die Verwendung der LADSPA erforderlichen Schnittstellenfunktionen `ladspa_descriptor` und `ladspa_config`.

roomulator_ladspa_interface

Diese Bibliothek enthält die Callback-Funktionen, die in die `LADSPA_Descriptor`-Struktur eingehängt werden. Sie stellt somit die Schnittstelle von C zu C++ dar, da die `LADSPA_Descriptor`-Struktur eine klassische C-Struktur ist, wobei die Callback-Funktionen nichts weiter machen, als die entsprechenden Methoden des C++ Objekts aufzurufen.

`LADSPA_Handle instantiateCRoomulatorLadspa(`
`const LADSPA_Descriptor *, unsigned long SampleRate);`

Erzeugt ein neues `CRoomulatorLadspa`-Objekt.

```
void connectPortToCRoomulatorLadspa(LADSPA_Handle Instance,
                                    unsigned long Port,
                                    LADSPA_Data * DataLoca-
tion);
```

Ruft die Methode `connect_port` des Objekts `Instance` mit den Parametern `Port` und `DataLocation` auf.

```
void runCRoomulatorLadspa(LADSPA_Handle Instance,
                          unsigned long SampleCount);
```

Ruft die Methode `run` des Objekts `Instance` mit dem Parameter `Sample-Count` auf.

```
void cleanupCRoomulatorLadspa(LADSPA_Handle Instance);
```

Zerstört das Objekt `Instance`.

roomulator_ladspa_class

Diese Klasse beinhaltet die Funktionalität des Moduls. Sie ist weitestgehend unabhängig von der LADSPA, was eine einfache Portierung auf andere Plugin-Schnittstellen ermöglicht. Die Methoden werden im Folgenden genauer beschrieben.

```
CRoomulatorLadspa(unsigned long ulSampleRate);
```

Erzeugt ein `CRoomulatorLadspa`-Objekt. Die Abtastrate `ulSampleRate` wird für interne Normierungen benötigt.

```
~CRoomulatorLadspa();
```

Zerstört ein `CRoomulatorLadspa`-Objekt.

```
void connect_port(unsigned long Port,
                  float * DataLocation);
```

Verbindet den in `Port` angegebenen Port des Objekts mit dem Speicherpuffer, auf den `DataLocation` zeigt.

```
void run(unsigned long SampleCount);
```

Führt die Signalverarbeitung für einen Block der Länge `SampleCount` durch.

D Funktionsbeschreibungen des Raummodells

Das Raummodell wird von der Klasse `CImageModel` aus der Bibliothek `imagemodel` zur Verfügung gestellt. Es greift dafür auf die Klasse `CFloatArray` aus der Bibliothek `floatarray` zu. Beide Klassen werden im Folgenden beschrieben.

CFloatArray

Diese Klasse kapselt typische Operationen im Zusammenhang mit Float-Arrays. Objekte dieser Klasse können entweder im Speichermodus oder im Handlemodus existieren. Im Speichermodus erzeugt und verwaltet das Objekt den Speicher des Feldes selbst. Im Handlemodus verweist das Objekt lediglich mit einem Zeiger auf ein Feld, das extern erzeugt und verwaltet wird.

```
CFloatArray(unsigned long ulLength);
```

Dieser Konstruktor erzeugt ein Objekt, das im Speichermodus arbeitet und ein Feld der Länge `ulLength` anlegt.

```
CFloatArray(unsigned long ulLength,
            float *pfData);
```

Dieser Konstruktor erzeugt ein Objekt, das im Handlemodus arbeitet und keinen internen Speicher für das Feld anlegt. Der interne Feldzeiger des Objekts zeigt auf die Adresse `pfData`. Zusätzlich wird die Länge des Feldes `ulLength` gespeichert.

```
CFloatArray(CFloatArray &rhsAudioBlock);
```

Dieser Kopierkonstruktor übernimmt ein Objekt und erzeugt daraus ein Objekt, das im Handlemodus arbeitet. Der Modus des übergebenen Objekts ist irrelevant, das erzeugte Objekt arbeitet in jedem Fall im Handlemodus.

```
~CFloatArray();
```

Bei der Zerstörung des Objekts wird der Speicher des Feldes nur dann abgebaut, wenn das Objekt im Speichermodus arbeitet.

```
void Init(float fInitValue=0);
```

Initialisiert die Einträge des Feldes mit dem übergebenen Wert `fInitValue`.

```
void ChangeGain(float fNewGain);
```

Multipliziert alle Werte des Feldes mit dem übergebenen Wert `fNewGain`.

```
float *GetData();
```

Liefert die Adresse des Feldes.

```
void SetData(float *pfNewData);
```

Verbiegt den internen Feld-Zeiger auf die Adresse `pfNewData`. Arbeitete das Objekt vor dem Aufruf der Funktion `SetData` im Speichermodus, wird der Speicher des internen Feldes freigegeben. Das Modul arbeitet nach dem Aufruf dieser Funktion im Handlemodus.

```
unsigned long GetLength();
```

Liefert die Länge des Feldes.

```
void SetLength(unsigned long ulNewLength);
```

Ändert die Länge des Feldes. Arbeitete das Objekt vor dem Aufruf der Funktion `SetLength` im Speichermodus, wird das interne Feld dynamisch verlängert oder verkürzt. Hierbei kann sich die Adresse des internen Feldes ändern!

`float& operator[](unsigned long ulIndex);`

Sicherer Zugriffsoperator auf die Elemente des Feldes. Wird ein Element außerhalb der Feldgrenzen referenziert, wird eine Dummyvariable mit dem Wert 0 zurückgeliefert.

CimageModel

Diese Klasse stellt ein Mono-Multi-Delay-Filter zur Verfügung Die interne FFT greift auf die FFTW-Bibliothek zu (vgl. [FFT]). Die Methoden der Klasse werden im Folgenden beschrieben.

```
CMultiDelayFilter(CFloatArray &rInputBlock,
                  CFloatArray &rOutputBlock,
                  CFloatArray &rImpulseResponse);
```

Dem Konstruktor werden der Eingangsblock `rInputBlock`, der Ausgangsblock `rOutputBlock` sowie die Impulsantwort des Filters `rImpulseResponse` als Parameter übergeben. Die interne Blocklänge des Filters wird aus der Länge des Eingangsblocks ermittelt. Die Längen des Eingangs- und des Ausgangsblocks müssen gleich sein.

`CMultiDelayFilter::~CMultiDelayFilter();`

Der Destruktor zerstört das Objekt.

`void SetInPort(float *pfNewInput);`

Setzt die interne Adresse des Eingangsblocks auf die neue Adresse `pfNewInput`. Dieser Aufruf hat keinen Einfluss auf die interne Blocklänge.

`void SetOutPort(float *pfNewOutput);`

Setzt die interne Adresse des Ausgangsblocks auf die neue Adresse `pfNewOutput`. Dieser Aufruf hat keinen Einfluss auf die interne Blocklänge.

```
float *GetInPort(void);
```

Liefert die Adresse des Eingangsfeldes.

```
float *GetOutPort(void);
```

Liefert die Adresse des Ausgangsfeldes.

```
void Filter();
```

Filtert den aktuell anliegenden Block.

E Funktionsbeschreibungen des Multi-Delay-Filters

Das Multi-Delay-Filter wird von der Klasse `CMultiDelayFilter` aus der Bibliothek `multidelayfilter` zur Verfügung gestellt. Es greift dafür auf die Klassen `CFloatArray`, `CFloatMatrix`, `CInputMatrix` sowie `CFFT` aus den Bibliotheken `floatarray`, `floatmatrix`, `inputmatrix` und `fft_class` zu. Im Folgenden werden erst die noch nicht beschriebenen, verwendeten Klassen und dann die Filterklasse beschrieben.

floatmatrix

Diese Klasse besteht aus einem Feld von `CFloatArray`–Objekten und stellt somit eine `float`-Matrix dar. Des Weiteren sind typische Matrixoperationen als Methoden gekapselt.

```
CFloatMatrix(unsigned long ulNumberOfBlocks,
             unsigned long ulBlockLength);
```

Dem Konstruktor werden als Parameter die Dimensionen der Matrix übergeben. Dies sind die Länge der einzelnen Blöcke `ulBlockLength` sowie die Anzahl der Blöcke `ulNumberOfBlocks`.

```
~CFloatMatrix();
```

Der Destruktor räumt die Blöcke in der Reihenfolge der Erzeugung wieder ab.

```
CFloatArray &GetBlock(unsigned long ulIndex);
```

Liefert in Abhängigkeit von der Blocknummer `ulIndex` das entsprechende `CFloatArray`-Objekt zurück.

```
unsigned long GetNumberOfBlocks();
```

Liefert die Anzahl der Blöcke in der Matrix.

`unsigned long GetBlockLength();`

Liefert die Blocklänge der einzelnen Blöcke.

CInputMatrix

Diese Klasse ist abgeleitet von der Klasse `CFloatMatrix`. Als Erweiterung können Objekte dieser Klasse als Block-Ringpuffer verwendet werden. Das heißt, dass die in der Matrix gespeicherten `CFloatArray`–Objekte zyklisch vertauscht werden können. Des Weiteren verfügt diese Klasse über die Funktionalität eines FIFO-Blockdepots.

```
CInputMatrix(unsigned long ulNumberOfBlocks,
             unsigned long ulBlockLength);
```

Dem Konstruktor werden als Parameter die Dimensionen der Matrix übergeben. Dies sind die Länge der einzelnen Blöcke `ulBlockLength` sowie die Anzahl der Blöcke `ulNumberOfBlocks`.

`~CInputMatrix();`

Der Destruktor räumt die Blöcke in der Reihenfolge der Erzeugung wieder ab.

`void PushInInputMatrix();`

Diese Methode führt die zyklische Vertauschung der `CFloatArray`-Blöcke durch. Enthält das Objekt beispielsweise drei Blöcke A B C, so wird die interne Struktur nach dem zyklischen Vertauschen zu B C A.

`CFloatArray &GetActualBlock();`

Diese Methode liefert den letzten `CFloatArray`-Block der Matrix. Mit dieser Methode lässt sich die Funktionalität des FIFO-Blockdepots realisieren. Soll ein neuer Block N in das Depot aufgenommen werden, muss erst der Puffer zyklisch vertauscht werden (aus A B C wird B C A) und dann der letzte Block über die Methode `GetActualBlock` durch N ersetzt werden (aus B C A wird B C N).

CFFT

Diese Klasse kapselt eine FFT sowie eine IFFT nach dem FFTW-Algorithmus. Die Sinus- und die Kosinustabellen werden in den Objekten gespeichert.

`CFFT(unsigned long ulBlockLength);`

Dem Konstruktor wird als Parameter die Länge der Audiodatei, für die die FFT erstellt wird, übergeben. Somit lassen sich die Sinus- und die Kosinustabellen effizient speichern (vgl. auch [FFT]). Soll die FFT für andere Blocklängen berechnet werden, müssen die Tabellen extern berechnet werden.

`~CFFT();`

Der Destruktor entfernt das Objekt.

`void DoRFFTW(fftw_real *pfInput, fftw_real *pfOutput);`

Berechnet eine FFT des Eingangsblocks `pfInput` und speichert das Ergebnis im Ausgangsblock `pfOutput` unter Verwendung der intern berechneten Sinus-/Kosinustabellen. Die Eingangs- bzw. Ausgangsblöcke müssen dabei in einem gepackten Format gespeichert sein (vgl. [FFT]).

`void DoRIFFTW(fftw_real *pfInput, fftw_real *pfOutput);`

Berechnet eine IFFT des Eingangsblocks `pfInput` und speichert das Ergebnis im Ausgangsblock `pfOutput` unter Verwendung der intern berechneten Sinus-/Kosinustabellen. Die Eingangs- bzw. Ausgangsblöcke müssen dabei in einem gepackten Format gespeichert sein (vgl. [FFT]).

```
void DoRFFTW(rfftw_plan oPlan, fftw_real *pfInput,
             fftw_real *pfOutput);
```

Berechnet eine FFT oder IFFT des Eingangsblocks `pfInput` und speichert das Ergebnis im Ausgangsblock `pfOutput` unter Verwendung extern berechneter Sinus-/Kosinustabellen, die im Parameter `oPlan` übergeben werden. Die Eingangs- bzw. Ausgangsblöcke müssen dabei in einem gepackten Format gespeichert sein (vgl. [FFT]).